全国专业技术人员新职业培训教程 •••

大数据
工程技术人员 （初级）

大数据管理

人力资源社会保障部专业技术人员管理司　组织编写

U0285297

中国人事出版社

图书在版编目（CIP）数据

大数据工程技术人员：初级：大数据管理/人力资源社会保障部专业技术人员管理司组织编写. --北京：中国人事出版社，2021

全国专业技术人员新职业培训教程

ISBN 978 - 7 - 5129 - 1214 - 4

Ⅰ.①大… Ⅱ.①人… Ⅲ.①数据处理-职业培训-教材 Ⅳ.①TP274

中国版本图书馆 CIP 数据核字（2021）第 190732 号

中国人事出版社出版发行

（北京市惠新东街 1 号　邮政编码：100029）

*

三河市潮河印业有限公司印刷装订　　新华书店经销

787 毫米×1092 毫米　16 开本　15 印张　224 千字

2021 年 11 月第 1 版　　2021 年 11 月第 1 次印刷

定价：**49.00 元**

读者服务部电话：（010）64929211/84209101/64921644

营销中心电话：（010）64962347

出版社网址：http://www.class.com.cn

本书编委会

指导委员会

主　　任：朱小燕

副 主 任：朱　敏　谭建龙

委　　员：陈　钟　王春丽　穆　勇　李　克　李　颋　刘　峰

编审委员会

总 编 审：谭志彬　张正球

副总编审：黄文健　龚玉涵　王欣欣

主　　编：谢昊飞

编写人员：付　蔚　石　熙　付仕明　王　研　王智明

主审人员：王　峥　张大斌

出版说明

当今世界正经历百年未有之大变局，我国正处于实现中华民族伟大复兴关键时期。在全球经济低迷，我国加快形成以国内大循环为主体、国内国际双循环相互促进的新发展格局背景下，数字经济发挥着提振经济的重要作用。党的十九届五中全会提出，要发展战略性新兴产业，推动互联网、大数据、人工智能等同各产业深度融合，推动先进制造业集群发展，构建一批各具特色、优势互补、结构合理的战略性新兴产业增长引擎。"十四五"期间，数字经济将继续快速发展、全面发力，成为我国推动高质量发展的核心动力。

近年来，人工智能、物联网、大数据、云计算、数字化管理、智能制造、工业互联网、虚拟现实、区块链、集成电路等数字技术领域新职业不断涌现，这些新职业从业人员通过不断学习与探索，将推动科技创新、释放巨大能量，推动人们生产生活方式智能化、智慧化、数字化，推动传统产业转型升级，为经济高质量发展注入强劲活力。我国在技术、消费与应用领域具备数字经济创新领先优势，但还存在数字技术人才供给缺口较大、关键核心技术领域自主创新能力不足、数字经济与实体经济融合的深度和广度不够等问题。发展数字经济，推进数字产业化和产业数字化，推动数字经济和实体经济深度融合，急需培育壮大数字技术工程师队伍。

人力资源社会保障部会同有关行业主管部门将陆续制定颁布数字技术领域国家职业技术技能标准，坚持以职业活动为导向、以专业能力为核心，遵循人才成长规律，对从业人员的理论知识和专业能力提出综合性引导性培养标准，为加快培育数字技术人才提供基本依据。根据《人力资源社会保障部办公厅关于加强新职业培训工作的通知》（人社厅发〔2021〕28号）要求，为提高新职业培训的针对性、有效性，进一步发挥新职业培训促进更好就业的作用，人力资源社会保障部专业技术人员管理司组织相关领域的专家学者编写了全国专业技术人员新职业培训教程，供相关领域开展新职业培训使用。

本系列教程依据相应国家职业技术技能标准和培训大纲编写，划分初级、中级、高级三个等级，有的职业划分若干职业方向。教程紧贴数字技术人员职业活动特点，定位于全国平均先进水平，且是相关数字技术人员经过继续教育或岗位实践能够达到的水平，突出该职业领域的核心理论知识、主流技术及未来发展要求，为教学活动和培训考核提供规范和引导，将帮助广大有意或正在从事数字技术职业人员改善知识结构、掌握数字技术、提升创新能力。

希望本系列教程的出版，能够在加强数字技术人才队伍建设、推动数字经济快速发展中发挥支持作用。

目　录 ····

第一章
大数据管理与数据治理

与所有管理活动一样，为实现组织的目标，大数据管理涉及行动规划和资源投入等。大数据管理活动本身包括技术方面（比如确保大型数据库可访问、系统的稳定和安全等），也包括一些高度战略性的活动（比如通过数据的创新应用来扩大市场份额）。这些管理活动不仅能为组织提供高质量、可靠的数据，还能确保授权用户可以访问这些数据并防止数据滥用。

本章从定义、关键活动、分工等角度对"大数据管理"与"数据治理"进行了区分，分别介绍两者的主要理论与实践。以企业项目为例，配合特定的数据管理框架图，重点阐释数据管理平台架构和数据的管控层，体现数据管理在企业运营中的作用。

- **职业功能：** 建立或优化大数据管理与数据治理体系。
- **工作内容：** 通过大数据管理和数据治理概念的理解，结合企业大数据管理体系案例，能够构建适合自身工作环境的大数据管理平台架构雏形。
- **专业能力要求：** 能够区分大数据管理与数据治理，熟悉大数据管理的工作内容和知识领域，熟悉数据治理的原则、范围及作用；理解大数据管理平台中数据管控层各部门的职能及内部运转机制；了解大数据管理工作中的大数据管理角色。
- **相关知识要求：** 大数据管理与数据治理的定义；大数据管理的内容及挑战；数据治理的范围；大数据管理平台框架。

第一节　大数据管理

一、大数据管理概述

大数据管理（data management）是为了交付、控制、保护并提升数据和信息资产的价值，在其整个生存周期（life cycle）中制订计划、制度、规程，并在实践活动中对其执行和监督的过程。

大数据管理活动的范围广泛，包括从对如何利用数据的战略价值做出一致性决定，到数据库的技术部署和性能提升等所有方面。因此，大数据管理具有技术和非技术的双重属性。管理数据的责任必须由业务人员和信息技术人员两类角色共同承担，这两个领域的人员需要相互协作，确保组织拥有满足战略需求的高质量数据。

（一）大数据管理的内容

大数据管理的内容可以分为三大类：有些注重数据治理活动（governance activities），确保组织对数据做出合理、一致的决策；有些注重数据的生存周期活动（life cycle activities），管理从数据的获取到数据的消除整个过程；有些注重数据的基础活动（foundational activities），包括数据的管理、维护和使用。这三类内容的关系如图 1-1 所示。

1. 数据治理活动

数据治理活动帮助控制数据的开发、降低数据使用带来的风险，同时使组织能够

图1-1　大数据管理的内容

战略性地利用数据。通过这些活动建立数据决策权和责任系统，以便组织可以跨业务部门做出一致的决策。

数据治理活动包括以下内容。

（1）建立数据战略。

（2）设置相关原则。

（3）设置数据管理专责人员。

（4）定义数据在组织中的价值。

（5）为组织能从数据中获取更多价值做准备，从而借助数据管理实践的不断成熟和企业文化变革影响组织对数据的认知方式。

2. 数据生存周期活动

数据生存周期活动侧重于数据的规划和设计，确保数据得到有效维护和使用。数据的使用能提高业务创新能力，为了确保业务需求的实现，数据通常都有自己的生存周期要求。

数据生存周期活动包括以下内容。

（1）数据架构（data architecture）。

（2）数据建模（data modeling）。

（3）构建和管理数据仓库（data warehouse）和数据集市（data mart）。

（4）数据集成，为商务智能分析师和数据科学家使用。

（5）管理关键的共享数据（如参考数据和主数据）的生存周期。

3. 数据基础活动

数据基础活动贯穿于数据管理的生存周期，是数据管理不可或缺的部分。数据基础活动必须作为规划和设计的一部分加以考虑，并且必须在操作上能够落地。这些活动需要得到数据治理部门的支持，同时也应该成为促进数据治理获得成功的一部分因素。

数据基础活动包括以下内容。

（1）确保数据受到保护。

（2）管理元数据（metadata）。

（3）管理数据质量。

（二）大数据管理知识领域

为了进一步了解大数据管理工作的主要内容，DAMA（国际数据管理协会）提出的DAMA-DMBOK 数据管理框架中，定义了数据管理工作所需的 11 个知识领域，如图 1-2 所示。

（1）数据治理（data governance）。数据治理通过建立数据决策的权限和责任，为数据管理职能提供整体的指导和监督。这些权限和责任的建立应该考虑到组织的整体需求。

（2）数据架构（data architecture）。数据架构是管理数据资产的"蓝图"，指基于组织的战略目标，建立符合战略需求的结构。

（3）数据建模和设计（data modeling and design）。数据建模和设计是探索、分析、表示和沟通数据需求的一个过程，最后表现为数据模型。

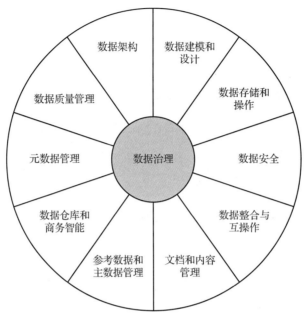

图1-2　数据管理框架

（4）数据存储和操作（data storage and operations）。数据存储和操作包括数据存储的设计、实施和支持，目的是达到利益最大化。这些活动服务于数据的整个生存周期（从数据规划到数据消除）。

（5）数据安全（data security）。数据的获得和使用必须要有安全的保障。

（6）数据整合与互操作（data integration & interoperability）。数据整合与互操作包括存在于不同数据系统、应用程序和组织之内，以及组织之间的数据迁移和集成等。

（7）文档和内容管理（document and content management）。文档和内容管理表现为通过规划、实施和监管活动，来管理那些存储于非结构化介质中的数据和它们的生存周期，尤其是那些与法律及合规性相关的文档的管理。

（8）参考数据和主数据管理（reference and master-data management）。参考数据和主数据管理涉及对核心关键共享数据的持续更新和维护，以便得到最准确、及时并与基础业务相关的数据。

（9）数据仓库和商务智能（business intelligence）。数据仓库和商务智能通过计划、实施和对系统流程的控制，为管理决策提供数据量化支持，使相关工作人员能够通过数据分析和数据报告获取价值。

（10）元数据管理（metadata management）。元数据管理通过规划、实施和控制，支持访问高质量的元数据集，包括定义、模型、数据流和其他对理解数据及其创建、维护和访问至关重要的信息。

（11）数据质量管理（data quality management）。数据质量管理包括应用质量管理技术，以衡量、评估和改善组织使用的数据。

这些知识领域代表了大数据管理的核心内容。任何期望从数据中获取价值的组织，都需要通过这些领域来进行大数据管理。当然，大数据管理活动的内容也在不断发展，创建和使用数据的能力的变化意味着新的内容也逐渐被纳入大数据管理的知识领域，如数据伦理、数据科学等。

在这些知识领域工作的大数据管理专业人员可以帮助组织了解和支持企业及其利益相关者（包括客户、员工和业务合作伙伴）的信息需求；获取、存储数据并确保数据的完整性和质量，以支持企业能够使用这些数据；通过防止不当访问、操作或使用，来确保数据的安全性、隐私性和机密性。

二、大数据管理的挑战

由于大数据管理具有源自数据本身属性的特性，因此组织在执行大数据管理工作的过程中将会遇到很多挑战，下面将介绍大数据管理所面对的十大挑战。

（一）数据资产价值挑战

实物资产是看得见、摸得着、可以移动的，在同一时刻只能存在于一个位置，金融资产必须在资产负债表上记账，但数据与实物有诸多不同。数据是无形的、持久的、难以损耗的。数据的价值随着时间的推移而变化。数据易于被复制和传送，但它一旦丢失或被销毁，却不容易重新产生。数据被多次使用产生了更多的数据，组织必须关注不断提升的数据量和越来越复杂的数据关系。

数据的这些特性使得难以对数据设定经济价值。但如果没有经济价值作为标杆，就很难衡量数据是如何促进组织的发展。同时这些特性还引发了影响大数据管理的其他问题，如定义数据所有权、审计组织拥有的数据量、防止数据滥用、管理与数据冗余相关的风险以及定义并实施数据质量标准等。

尽管在数据价值评估方面存在很大的挑战，但大多数人已认识到数据确实存在价值。一个组织的数据对组织自身而言是唯一的，如果组织唯一的数据（如客户列表、产品库存或索赔历史）丢失或被销毁，几乎不可能重新产生这些数据。另外，数据也是组织了解自身的手段——它是描述其他资产的元资产（meta-asset），它为组织的自我认知与发展提供了基础。

（二）数据价格评估挑战

利润是一件事物的商品价格和成本价格之间的差值。对于有些资产而言，如具有实体的存货，计算预期利润就非常容易，就是它的购买成本和预估销售价格之间的差额。但对于数据而言，无论是数据的成本还是收益都没有统一标准，这些计算会变得错综复杂。

每个组织的数据都是唯一的，因此评估数据的价格需要首先计算在组织内部持续付出的一般性成本和各类收益。举例如下。

- 获取和存储数据的成本。

- 如果数据丢失，更换数据的成本。

- 数据丢失对组织的影响。

- 风险缓解成本和与数据相关的潜在风险成本。

- 改进数据的成本。

- 高质量数据的优势。

- 竞争对手为数据付出的费用。

- 数据潜在的销售价格。

- 创新性应用数据的预期收入。

评估数据资产面临的主要挑战是，数据的价值是独有的（对一个组织有价值的东西可能对另一个组织没有价值），而且往往是暂时的（昨天有价值的东西今天可能没有价值）。短时效性的数据也可能因数据随着时间的推移而重新获得价值。例如，随着越来越多与客户活动相关的数据得以积累,客户信息随着时间的推移变得更有价值。

在大数据管理方面,将财务价值与数据建立关联的方法至关重要,因为组织需要从财务角度了解资产,以便做出一致的决策。数据价值评估过程也是促进管理效能提升的一种手段。如果数据管理专业人员和利益相关方能了解数据管理的财务意义,则可以帮助组织对自身数据有更深入的理解,并通过这一点转变大数据管理的方法。

(三)数据质量管理挑战

确保高质量的数据是大数据管理的核心。组织管理自身数据的需求来源于需要使用这些数据,如果企业不能依靠这些数据来满足自身需求,那么收集、存储、保护和访问数据就是一种浪费。因此,为了确保数据满足商业需要,企业必须与数据消费方共同合作来定义需求,其中包括高质量数据的具体要求。

IT团队通常只关注系统运行是否稳定,在不影响系统运行的情况下,对于系统输入输出的数据质量,不会投入过多的精力做优化。但对于想要使用这些数据的人来说却不能忽略数据质量问题,他们通常假设数据是可靠且值得信任的,但是一旦他们有确凿证据开始怀疑数据存在质量问题时,就不再相信这些数据所揭示的信息。

组织在多数情况下要在运用数据的过程中进行学习,并进一步创造价值。例如,了解客户习惯以改进产品或服务质量,评估组织绩效或市场趋势以制定更好的业务战略。而低质量的数据会对这些决策产生负面影响。尽管估计值不尽相同,但专家认为,企业在处理数据质量问题上的成本高昂。很多低质量数据的成本是隐藏的、间接的,因此很难测量,其他如罚款等直接成本则是非常容易计算的。

低质量数据的成本主要来源于报废和返工、不恰当的解决方法和隐藏的纠正过程、组织效率低下或生产力低下、组织冲突、工作满意度低、客户不满意、额外的机会成本(包括无法创新、合规成本或罚款和声誉成本)。而改善了这些问题的高质量数据能够带来的作用包括:改善客户体验,提高生产力,降低风险,快速响应商机,增加收入,洞察客户、产品、流程和商机从而获得竞争优势。

管理数据质量并不是一次性的工作。生成高质量数据需要做好计划并执行,以及拥有将质量构建到流程和系统中的观念。所有的大数据管理活动都会影响数据质量。

（四） 制订数据优化计划的挑战

从数据中获取价值需要以多种形式进行规划。首先要认识到组织可以控制自己如何获取和创建数据，如果把数据视作组织创造的一种产品，则组织需要依据数据的生存周期规律做出更好的决策。这些决策需要系统思考，因为它们涉及以下问题。

（1） 数据也许被视为独立于业务流程存在。

（2） 业务流程与支持它们的技术之间的关系。

（3） 系统的设计和架构及其所生成和存储的数据。

（4） 使用数据的方式可能被用于推动组织战略。

更好的数据规划需要有针对架构、模型和功能设计的战略路径，也取决于业务和IT领导之间的战略协作，以及单个项目的执行力。但执行规划的挑战在于，通常存在组织、时间和金钱方面的长期压力，因而阻碍了优化计划的执行。所以，组织在执行战略时必须平衡长期目标和短期目标，只有明确利弊，才会获得有效决策。

（五） 元数据管理的挑战

组织需要可靠的元数据去管理数据资产，从这个意义上讲应该全面地理解元数据。元数据管理的范围不仅包括业务元数据（business metadata）、技术元数据（technical metadata）和操作元数据（operational metadata），还包括嵌入在数据架构、数据模型、数据安全需求、数据集成标准和数据操作流程的元数据。

元数据描述了一个组织拥有什么数据，它代表什么，如何被分类，它来自哪里，在组织之内如何移动，如何在使用中演进，谁可以使用它，以及是否为高质量数据。数据是抽象的，元数据中包含的上下文语境定义和其他描述能够让数据清晰明确，使数据、数据生存周期和包含数据的复杂系统易于理解。

元数据是以数据形式构成的，因此需要进行严格管理。通常，管理不好数据的组织往往忽视元数据的管理。元数据管理是全面改进大数据管理的起点，对于元数据管理的挑战在于，如何从已有的数据系统开始构建元数据管理体系。

（六） 大数据管理的跨职能挑战

大数据管理是一个复杂的过程。在数据生存周期中，不同阶段由不同团队进行不同的管理活动。大数据管理需要系统规划的设计技能、管理硬件和构建软件的高技术技能、利用数据分析理解问题和解释数据的技能、通过定义和模型达成共识的语言技能以及发现客户服务商机和实现目标的战略思维。

这其中的挑战在于，让具备这一系列技能和观点的人认识到各部分是如何结合在一起的，从而使他们能够协作并朝着共同的目标努力。

（七）数据生存周期管理挑战

正如其他资产一样，数据也有生存周期。为了有效管理数据资产，组织需要理解数据生存周期并进行规划。战略性的管理，就要求组织以如何用好数据作为管理数据的目标。从战略上讲，组织不仅要定义其数据内容需求，还要定义其大数据管理要求。这些要求包括对使用、质量、控制和安全的制度和期望，企业架构和设计方法，以及基础设施和软件开发的可持续方法。

数据的生存周期基于产品的生存周期，它不应该与系统开发生存周期混淆。从概念上讲，数据生存周期很容易描述，如图1-3所示。它包括创建或获取、移动、转换和存储数据并使其得以维护和共享的过程，使用数据的过程，以及处理数据的过程。在数据的整个生存周期中，可以清理、转换、合并、增强或聚合数据。随着数据的使用或增强，通常会生成新的数据，因此其生存周期具有内部迭代性。数据很少是静态的，管理数据涉及一系列内部互动的过程，与数据生存周期保持一致。

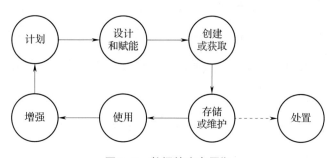

图1-3 数据的生存周期

组织中数据生存周期的细节可能非常复杂，因为数据不仅具有生存周期，而且具有血缘关系。数据血缘（data lineage）是指数据从起点移动到使用点的路径，也称为数据链。了解数据血缘需要记录数据集的起源，以及它们在访问和使用它们的系统中的移动和转换。生存周期和血缘相互交叉，有助于相互理解。一个组织越了解数据的生存周期和血缘关系，管理数据的能力就越强。

（八）数据多样性的挑战

不同种类的数据有各自不同的生存周期管理需求，这使得管理数据变得更加复杂。任何管理系统都需要将管理的对象进行分类。可以按数据类型分类，如划分为交易数据、参考数据、主数据（master-data）、元数据，或者类别数据、源头数据、事件数据、详细交易数据；也可以按照数据内容分类，如数据域（data field）、主题域（subject field）等；还可以按照数据所需的格式、数据的保护级别、存储位置或访问的方式等进行分类。

由于不同数据类型具有不同的需求，与不同的风险相关，并且在一个组织中扮演不同的角色，因此许多大数据管理工具都集中在分类和控制方面。例如，主数据与交易数据具有不同的用途，因此两者在权限、安全性方面的管理策略不同。

组织对不同的数据进行管理，需要耗费大量的成本和精力，管理者也需要分别了解不同的大数据管理方法，这对于数据的管理来说是一个巨大的挑战。

（九）数据误用的风险挑战

数据不仅代表价值，也含有风险。不准确、不完整或过时的低质量数据，因为其信息不正确明显含有风险。数据的风险在于它可能被误解和误用。

最高质量的数据带给组织最大的价值——可获得、相互关联、完整、准确、一致、及时、适用、有意义和易于理解。然而，对于很多重要的决定，存在信息的缺口——已知信息和须知信息之间的差异。企业的信息缺口对经营效率和利润有深远影响。意识到高质量数据价值的组织能够采取具体的、主动的措施，在监管和伦理文化框架内提高数据和信息的质量和可用性。

随着信息作为组织资产的作用在所有部门中越来越大，监管者和立法者越来越关注信息使用中潜在的滥用问题。从萨班斯法案①到偿付能力标准Ⅱ②，再到过去十年中

---

① Sarbanes-Oxley Act，专注于控制从交易到资产负债表的金融交易数据准确性和有效性的证券监管法规。
② Solvency Ⅱ，专注于支持保险行业风险模型和资本充足率的数据血缘和数据质量的标准。

数据隐私法规的快速出台,可知虽然组织仍在等待财务部门将信息数据作为资产负债表上的资产,但监管环境越来越希望将信息数据列入风险登记册,并采取适当的缓解和控制措施。

同样,随着消费者越来越了解他们的数据是如何被使用的,他们就不仅希望操作流程更加顺畅和高效,而且希望保护他们的信息和尊重他们的隐私。这意味着针对大数据管理专业人员而言,战略层面利益相关方的范围通常比传统情况下更广了。

(十) 大数据管理技术的挑战

大数据管理活动范围广泛,需要技术和业务技能。因为现在绝大多数的数据是以电子方式存储的,所以大数据管理策略受到技术的强烈影响。从一开始,大数据管理的概念就与技术管理紧密结合在一起,这种状况还在延续。在许多组织中,在构建新技术的动力和拥有更可靠数据的愿望之间存在着紧密关系。

成功的大数据管理需要对技术做出正确的决策,但管理技术与管理数据不同。组织需要了解技术对数据的影响,以防止技术诱惑推动他们对数据的决策。相反,与业务战略一致的数据应该推动有关技术的决策。

第二节 数据治理

一、数据治理概述

(一) 数据治理的概念

伴随着数据行业的快速发展,很自然就产生了一个对应的问题:这些数据作为原材料应该怎么管理？虽然大数据管理并不新鲜，很早以前行业中已经有所应用，但随着数据量呈现指数级别的增长，如今人们所讲的数据和以往已经大大不同。而这也不仅仅体现在数据的大小上，同时也体现在数据的内容、来源、结构上。例如，当前脸书的日均新增数据量可达约 600 TB 之巨，未来必然会更高，以往的大数据管理方式与思路也无法完全适应，也需要创新。因此数据治理的概念应运而生。

目前业界较为权威的数据治理的定义由桑尼尔·索雷斯提出，主要包含如下 6 个部分。

（1）数据治理应该被纳入现有的信息治理框架内。

（2）数据治理的工作就是制定策略。

（3）大数据必须被优化。

（4）大数据的隐私保护很重要。

（5）大数据必须被货币化，即创造商业价值。

（6）数据治理必须协调好多个职能部门的目标和利益。

了解数据治理的概念后，需要明确它与大数据管理的区别。COBIT 5[①] 对两者进行了精准的区分定义。

（二）大数据管理与数据治理的区别

管理是指按照治理机构设定的方向展开计划、建设、运营和监控活动，以实现企业目标。

基于此定义，管理包含计划、建设、运营和监控 4 个关键活动，并且活动必须符合治理机构所设定的方向和目标。

治理（governance）是指评估利益相关者的需求、条件和选择以达成平衡一致的企业目标，通过优先排序和决策机制来设定方向，然后根据方向和目标来监督绩效与规范。

基于此定义，治理包括评估、指导和监督 3 个关键活动，并且输出结果与设定方向必须和预期的目标一致。

---

① 一个在国际上公认的、权威的安全与信息技术管理与控制的标准。

从上述定义可见数据治理与管理的区别如下。

（1）关键活动不同。管理包含计划、建设、运营和监控4个关键活动，治理包含评估、指导和监督3个关键活动。

（2）过程不同。根据COBIT 5的定义，管理包括4个域，APO（adjustment，planning and organization，调整、计划和组织）、BAI（build，acquisition and implementation，建立、获取和实施）、DSS（delivery，service and support，交付、服务和支持）、MEA（monitoring，evaluation and assess，监视、评价和评估），每个域又包含若干个流程。而治理包含如下过程：框架的设置与维护，确保资源化、风险化、收益交付、利益相关等信息的透明。

（3）分工不同。管理相当于执行者，负责制定和实施决策的过程；治理相当于决策者，负责制定决策。

很多技术上的相关领域涉及治理框架、数据优化、隐私保护等，为了形成有效的治理体系，治理和管理必须相互作用，相互配合，才能取得最优效果。

二、数据治理原则

数据治理原则是指数据治理所遵循的指导性法则。数据治理原则对数据治理实践起指导作用，只有将原则融入实践过程中，才能实现数据治理的战略和目标。提高大数据运用能力，可以有效增强政府服务和监管的有效性。为了高效采集、有效整合、充分运用庞大的数据，提出以下五项数据治理的基本原则，如图1-4所示。

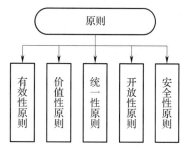

图1-4　数据治理的原则

（一）有效性原则

有效性原则体现了数据治理过程中数据的标准、质量、价值、管控的有效性、高效性。在数据治理的过程中，首先需要的是对数据处理的信息准确度高、理解上不存在歧义，遵循有效性原则，选择有用数据，淘汰无用数据，识别出有代表性的本质数据，去除细枝末节或无意义的非本质数据。这种有效性原则在大数据的收集、挖掘、算法和实施中具有重要作用。运用有效性原则就能够获取可靠数据，降低数据集规模，提高数据抽象程度，提升数据挖掘的效率，使之在实际工作中可以根据需要选用具体的分析数据和合适的处理方法，以达到操作上的简单、简洁、简约和高效。具体来说，当一位认知主体面对收集到的大量数据和一些非结构化的数据对象，如文档、图片、饰品等物件时，不仅需要掌握大数据管理、大数据集成的技术和方法，遵循有效性原则和数据集成原则，学会数据的归档、分析、建模和元数据管理，还需要在大量数据激增的过程中，学会选择、评估和发现某些潜在的本质性变化。

（二）价值性原则

价值性原则指数据治理过程中以数据资产为价值核心，最大化大数据平台的数据价值。数据本身不产生价值，但是从庞杂的数据背后挖掘、分析用户的行为习惯和喜好，找出更符合用户"口味"的产品和服务，并结合用户需求有针对性地调整和优化自身，这具有很大的价值。大数据在各个行业应用都是通过大数据技术来获知事情发展的真相，最终利用这个"真相"来更加合理地配置资源。而要实现大数据的核心价值，需要3个重要的步骤，第一步是通过"众包"的形式收集数据，第二步是通过大数据的技术途径进行全面的数据挖掘，第三步是利用分析结果进行资源优化配置。

（三）统一性原则

统一性原则是在数据标准管理组织架构的推动和指导下，遵循协商一致制定的数据标准规范，借助标准化管控流程得以实施数据统一性的原则。如今的大数据和云计算已经成为社会发展动力中新一轮的创新平台，基于大数据系统做出一个数据产品，需要数据采集、收集、存储和计算等多个步骤，整个流程很长。经过统一规范后，通过标准配置，能够大大缩短数据采集的整个流程。数据治理遵循统一性原则，能够节约很大的成本及时间，同时形成一个规范，这对于数据治理具有重要意义与作用。

（四）开放性原则

在大数据和云环境下，要以开放的理念确立起信息公开的政策思想，运用开放、透明、发展、共享的信息资源管理理念对数据进行处理，提高数据治理的透明度，不让海量的数据信息在封闭的环境中沉睡。需要认识到不能以信息安全为理由使很多数据处于沉睡的状态，而不开放性地处理数据。组织需要对信息数据进行自由共享，向公众开放非竞争性数据，安全合理地共享数据并使数据之间形成关联，形成一个良好的数据标准和强有力的数据保护框架，使数据高效、安全地共享和关联，在保护公民个人自由的同时促进经济的增长。

（五）安全性原则

数据治理的安全性原则体现了安全的重要性、必要性，保障大数据平台数据安全和数据治理过程中数据的安全可控。大数据的安全性直接关系到大数据业务能否全面推广，数据治理过程在利用大数据优势的基础上，要明确其安全性，从技术层面到管理层面采用多种策略，提升大数据本身及其平台的安全性。在大数据时代，业务数据和安全需求相结合，才能够有效提高企业的安全防护水平。大数据的汇集不可避免地加大了用户隐私数据信息泄露的风险。由于数据中包含大量的用户信息，使得对大数据的开发利用很容易侵犯公民的隐私，恶意利用公民隐私的技术门槛大大降低。在大数据应用环境下，数据呈现动态特征，面对数据库中属性和表现形式不断随机变化，基于静态数据集的传统数据隐私保护技术面临挑战。各领域对于用户隐私保护有多方面要求和特点，数据之间存在复杂的关联性和敏感性，而大部分现有隐私保护模型和算法都是仅针对传统的关系型数据，而不能直接将其移植到大数据应用中。

传统数据安全往往是围绕数据生存周期部署的，即数据的产生、存储、使用和销毁。随着大数据应用的增多，数据的拥有者和管理者相分离，原来的数据生存周期逐渐转变成数据的产生、传输、存储和使用。由于大数据的规模没有上限，且许多数据的生存周期极为短暂，因此，传统安全产品要想继续发挥作用，需要随时关注大数据存储和处理的动态化、并行化特征，动态跟踪数据边界，管理对数据的操作行为。

大数据安全不同于关系型数据安全，大数据无论是在数据体量、结构类型、处理速度、价值密度方面，还是在数据存储、查询模式、分析应用上都与关系型数据有着显著差异。

为解决大数据自身的安全问题，需要重新设计和构建大数据安全架构和开放数据服务，从网络安全、数据安全、灾难备份、安全风险管理、安全运营管理、安全事件管理、安全治理等各个角度考虑，部署整体的安全解决方案，以保障大数据计算过程、数据形态、应用价值的安全。

三、数据治理的范围

大数据蕴含价值的逐步释放，使其成为 IT 信息产业中最具潜力的蓝海。大数据正以一种革命风暴的姿态闯入人们的视野，其技术和市场在快速发展，从而使数据治理的范围变成不可忽略的因素。

数据治理范围着重描述了数据治理的关键领域。数据治理的关键领域包括：大数据生存周期，大数据架构（大数据存储、元数据、数据仓库、业务应用），大数据安全与隐私，数据质量，大数据服务创新，如图 1-5 所示。

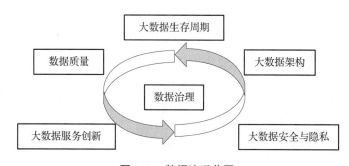

图 1-5　数据治理范围

（一）大数据生存周期

大数据生存周期是指数据产生、获取到销毁的全过程。传统数据的生存周期管理的重点在于节省成本和保存管理。而在大数据时代，数据的生存周期管理的重点则发生了翻天覆地的变化，更注重在成本可控的情况下，有效地管理并使用大数据，从而创造出更大的价值。

大数据生存周期管理主要包括以下部分：数据捕获、数据维护、数据合成、数据利用、数据发布、数据归档、数据清除等。

数据捕获：创建尚不存在或者虽然存在但并没有被采集的数据。主要包括 3 个方面的数据来源——数据采集、数据输入、数据接收。

数据维护：数据内容的维护（无错漏、无冗余、无有害数据）、数据更新、数据逻辑一致性等方面的维护。

数据合成：利用其他已经存在的数据作为输入，经过逻辑转换生成新的数据。例如，我们已知计算公式：净销售额=销售总额-税收，如果知道销售总额和税收，就可以计算出净销售额。

数据利用：在企业中如何使用数据，把数据本身当作企业的一个产品或者服务进行运行和管理。

数据发布：在数据使用过程中，可能由于业务的需要将数据从企业内部发送到企业外部。

数据归档：将不再经常使用的数据移到一个单独的存储设备上进行长期保存的过程，对涉及的数据进行离线存储，以备非常规查询等。

数据清除：在企业中清除数据的每一份拷贝。

（二）大数据架构

大数据架构是指大数据在 IT 环境中进行存储、使用及管理的逻辑或者物理架构。它由大数据架构师或者设计师在实现一个大数据解决方案的物理实施之前创建，从逻辑上定义了大数据关于其存储方案、核心组件的使用、信息流的管理、安全措施等的解决方案。建立大数据架构通常需要以业务需求和大数据性能需求为前提。

大数据架构主要包含 4 个层次：大数据来源，大数据存储，大数据分析，大数据应用和服务。

大数据来源：此层负责收集可用于分析的数据，包括结构化、半结构化和非结构化的数据，以提供解决业务问题所需的洞察力基础。此层是进行大数据分析的前提。

大数据存储：主要定义了大数据的存储设施以及存储方案，以进一步进行数据分析处理。通常这一层提供多个数据存储选项，比如分布式文件存储、云、结构化数据源、NoSQL（非关系型数据库）等。此层是大数据架构的基础。

大数据分析：提供大数据分析的工具以及分析需求，从数据中提取业务洞察，是大数据架构的核心。分析的要素主要包含元数据、数据仓库。

大数据应用和服务：提供大数据可视化、交易、共享等，由组织内的各个用户和组织外部的实体（比如客户、供应商、合作伙伴和提供商）使用，是大数据价值的最终体现。

（三）大数据安全与隐私

在大数据时代，数据的收集与保护成为竞争的着力点。从个人隐私安全层面看，大数据将大众带入开放、透明时代，若对数据安全保护不利，将引发不可估量的问题。解决传统网络安全的基本思想是划分边界，在每个边界设立网关设备和网络流量设备，用守住边界的办法来解决安全问题。但随着移动互联网、云服务的出现，网络边界实际上已经消亡了。因此，在开放大数据共享的同时，也带来了对数据安全的隐忧。大数据安全是"互联网+"时代的核心挑战，安全问题具有线上和线下融合在一起的特征。

大数据的隐私管理方法有如下内容。

（1）定义和发现敏感的大数据，并在元数据库中将敏感大数据进行标记和分类。

（2）在收集、存储和使用个人数据时，需要严格执行所在地关于隐私方面的法律法规，并制定合理的数据保留、处理政策，吸纳公司法律顾问和首席隐私官的建议。

（3）在存储和使用过程中，对敏感大数据进行加密和反识别处理。

（4）加强对系统特权用户的管理，防止特权用户访问敏感大数据。

（5）在数据的使用过程中，需要对大数据用户进行认证、授权、访问和审计等管理，尤其是要监控用户对机密数据的访问和使用。

（6）审计大数据认证、授权和访问的合规性。

大数据与其他领域的新技术一样，也给我们带来了安全与隐私问题。另外，它们也不断地对我们管理计算机的方法提出挑战。正如印刷机的发明引发了社会自我管理的变革一样，大数据也是如此。它迫使我们借助新方法来应对长期存在的安全与隐私挑战，并且通过借鉴基本原理对新的隐患进行应对。我们在不断推进科学技术进步的同时，也应确保我们自身的安全。

（四）数据质量

当前大数据在多个领域广泛存在，大数据的质量对其有效应用起着至关重要的作用，在大数据使用过程中，如果存在数据质量问题，将会带来严重的后果，因而需要对大数据进行质量管理。大数据产生数据质量问题的具体原因如下。

（1）由于规模大，大数据在收集、存储、传输和计算过程中可能产生更多的错误，如果对其采用人工错误检测与修复，将导致成本巨大而难以有效实施。

（2）由于高速性，数据在使用过程中难以保证其一致性。

（3）大数据的多样性使其具有更大的可能产生不一致和冲突。

如果没有良好的数据质量，大数据将会对决策产生误导，甚至产生有害的结果。高质量的数据是使用数据、分析数据、保证数据质量的前提。大数据质量控制在保证大数据质量、减轻数据治理带来的"并发症"过程中发挥着重要作用，它能够把社会媒体或其他非传统的数据源进行标准化，并且可以有效防止数据散落。

建立可持续改进的数据管控平台，有效提升大数据质量管理，可以从以下几个方面入手。

（1）数据质量评估：提供全方位数据质量评估能力，如数据的正确性、完全性、一致性、合规性等，对数据进行全面体检。

（2）数据质量检核和执行：提供配置化的度量规则和检核方法生成能力，提供检核脚本并定时调度执行。

（3）数据质量监控：系统提供报警机制，对检核规则或方法进行阈值设置，对超出阈值的数据进行不同级别的告警和通知。

（4）流程化问题处理机制：对数据问题进行流程处理支持，规范问题处理机制和步骤，强化问题认证，提升数据质量。

（5）根据血缘关系锁定在仓库中使用频率较高的对象，进行高级安全管理，避免误操作。

数据质量管理是一个综合的治理过程，不能只通过简单的技术手段解决，需要企业加以重视，才能在大数据世界里博采众长，抢占先机。

（五）大数据服务创新

大数据服务创新将激发新的生产力，通过对数据直接分析、统计、挖掘、可视化，发现数据规律，进行业务创新；通过对价值链、业务关联接口、业务要素等方面的洞察，挖掘出更加个性化的服务；通过数据处理自动化、智能化的创新，使数据呈现更清晰，分析更明确。

第三节 企业中的大数据管理体系

一、背景介绍

了解一家企业的大数据管理架构及应用方法是最容易了解大数据管理的具体方法。

某金融集团在其电子商城系统里建立了面向整个零售业务的数据仓库，整合了前台业务运营数据和后台管理数据，建立了面向零售的管理分析应用。该金融集团已开展供应链金融、人人贷和保理等多种业务，积累了一定量的业务数据，同时业务人员也从客户管理、风险评级和经营规模预测等方面，提出了大量分析预测需求，因而公司需要制定新的大数据管理方案来满足新需求。

（一）公司大数据管理阶段性目标

第一，从改善数据质量出发，通过数据仓库对金融集团分散在各个业务系统中的数据整合、清洗，通过元数据管理工具和质量管理工具的使用提高数据的质量和实用性。

第二，构建一个安全实用的数据共享平台，通过该数据共享平台实现数据集中，确保金融集团各级部门均可在保证数据隐私和安全的前提下使用数据，充分发挥数据作为企业重要资产的业务价值。

第三，实现分散在供应链金融、人人贷、保理等各个业务系统中的数据在数据平台中的集中和整合，建立单一的产品、客户等数据的企业级视图，有效促进业务的集成和协作，并为企业级分析、交叉销售提供基础。

（二）公司数据管理阶段性愿景

构建技术创新型公司，提高企业运营决策效率。实现金融集团业务人员可以基于明细、可信的数据，进行多维分析和数据挖掘，为金融业务创新（客户服务创新、产品创新等）创造了有利条件。通过数据平台对数据进行集中，为管理分析、挖掘预测等系统提供一致的基础数据，改变现有系统数据来源多、数据处理复杂的现状，实现应用系统建设模式的转变，提升相关 IT 系统的建设和运行效率。

二、大数据管理框架

制定大数据管理框架是大数据管理工作开展的第一步，对其之后的工作起到了指导性的作用，大数据管理框架图由战略、机制、领域、技术支撑四部分组成，如图 1-6 所示。从上至下指导，从下而上推进，形成一个多层次、多维度、多视角的全方位架构。首先从公司的愿景及当前情况出发，制定目标及目标实现的规划。然后根据当前阶段

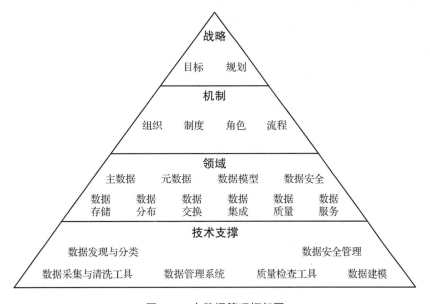

图 1-6　大数据管理框架图

目标构建大数据管理相关组织，完善对应的制度，制定大数据管理流程。技术上针对涵盖元数据、数据质量、数据安全等领域选取相应的质量管理工具、安全管理工具等。

　　构建合理的数据分析平台是对大数据管理目标的实现，它不仅仅包括数据仓库的设计和数据的使用等对数据处理流程的管控，还包括选取合适的工具对数据标准、数据质量、数据安全进行管理，更包括数据管理组织的构建，大数据管理过程的评价与考核、管控流程的设计。一个常见的大数据分析平台架构如图 1-7 所示。

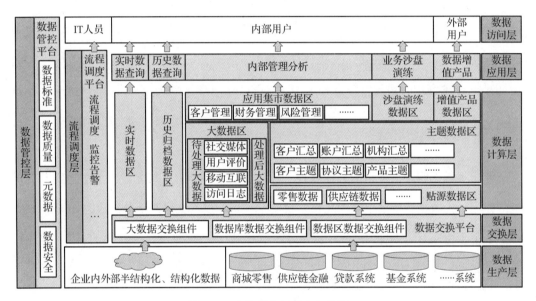

图 1-7　大数据分析平台架构图

（一）数据处理过程管理

　　数据仓库处理过程可以理解为数据仓库的构建及数据仓库中数据的使用过程。数据处理过程模型既包括数据仓库构建的数据生产层、数据交换层、数据计算层、数据应用层，也包括供客户使用的访问层。

1. 数据生产层

　　数据生产层指各种产生数据的业务系统及其产生的数据，可分为企业内部业务系统产生的结构化数据、企业内部非结构化数据和企业外部数据。

　　企业内部结构化数据主要指商城日常零售业务处理过程中产生的结构化数据，存储在关系型数据库中，如供应商信息、采购信息、商品信息、销售流水等。

企业内部非结构化数据主要指日常业务处理过程中产生的非结构化数据，存储形式多样，主要包括用户访问日志、用户投诉、用户点评等。

企业外部数据以非结构化为主，主要包括国家政策法规、论坛等互联网信息、地理位置等移动信息、微博等社交媒体信息等。

2. 数据交换层

设立数据交换层的目的是为了保障数据在平台内高速流转，保证数据交换过程中不失真、不丢失、过程安全可靠。

数据交换层由传输组件组成，传输组件是根据数据源存储的不同而分类设计的，本质是通过分析数据存储结构和数据存储库的特点来有针对性地设计工具，以追求卓越的性能。

针对非结构化、半结构化数据，企业内部有音频、视频、邮件、电子文档、抵押品扫描件等，企业外部有微博、贴吧、论坛、用户点击流、用户移动位置等，采用大数据源以 SFTP（安全文件传送协议）批量传输数据文件，定时抽取用户访问日志，加载到数据平台大数据区 HDFS（Hadoop 的数据文件系统）指定目录，MapReduce（Hadoop 的分布式并行计算框架）程序加工处理。

针对企业内部业务系统产生的结构化数据，如商城零售业务数据，数据存储在 Oracle、SQLServer、MySQL 和 MongoDB 四类数据库，使用 Perl 执行文件级数据质量检查，调用 Hive Load 数据命令，加载到数据平台临时数据区的 Hive Table。识别 MySQL 数据库增量数据日志，存储到金融平台 NAS（network attached storage，网络附属存储）的指定目录，金融平台加载数据文件到数据平台临时区 Hive 表，从而实现云数据推送平台连接供应链金融系统数据库，分析供应链金融。

针对数据平台计算层各数据区（如贴源数据区，主题数据区，集市数据区，沙盘数据区，大数据区，归档数据区等），使用 Sqoop 实现集市数据区与数据平台其他 Hadoop 数据区的数据交换，达到数据集市的数据按照生存周期规划，统一将过期数据归档到历史数据归档区的效果。

3. 数据计算层

设立数据计算层是为了根据不同类型的数据源采用不同的模型设计方式和计算方式。

贴源数据区，指的是业务系统中的前日快照数据和一段时间的流水数据，它为后续主题模型、集市和沙盘演练提供原始数据支持。

大数据区的数据指企业内外部非结构化、半结构化数据。采集并存储数据，进行结构化处理，最终得到结构化数据。采用 MapReduce 分布式计算的方式，处理半结构/非结构化数据，并将数据存放在 HDFS 上，建议存放时长不少于 1 年。

主体明细数据主要指业务系统历史明细数据，打破业务条线对数据进行整合，处理方式为每日离线执行 Hive 定时 ETL（extract transforme load，抽取、转换、加载）任务，由于数据的复杂性常用到 UDF（用户自定义函数），模型设计消除冗余，遵循第三范式模型。

主题汇总数据指对主题数据预加工的结果数据针对应用需求进行数据预连接、预汇总，采用反三范式的设计，形成数据宽表，为集市提供数据，通过执行 Hive SQL 的方式完成数据的 ETL 处理，复杂数据处理使用 MapReduce 定制 UDF。

历史归档数据指其他各数据区历史数据，按数据生存周期规划归档平台过期数据，支撑历史数据查询。数据处理以 MapReduce 分布式计算为主，HDFS 命令实现 Hadoop 集群内归档，Sqoop 实现数据归档，通过 Hive 提供历史查询。数据结果长期存放在 HDFS 上，建议保留 5 年以上。

沙盘演练数据指按沙盘演练需求，准备明细或汇总业务数据，为数据科学家的挖掘预测操作提供数据服务。通过执行 Hive SQL 的方式完成数据的 ETL 处理，复杂数据处理使用 MapReduce 定制 UDF。此部分数据模型的构建模型依赖于沙盘演练需求，数据在整个沙盘演练周期内保存。

数据集市指面向企业内部管理分析类应用需求汇总数据，为客户、运营等管理分析主题和数据增值产品提供数据服务。数据集市使用商务智能工具提交的报表，查询、分析 SQL 命令，批量执行 ETL 任务。数据模型以星型模型居多，重点在于维度表的制作，数据保存周期依照业务需求而定。

4. 数据应用层

数据应用层是根据业务和场景的不同对应用进行分类，主要包括管理分析类、数据增值类、时效分析类、历史查询类、沙盘演练类五大类应用。

管理分析类应用主要实现了集团客户管理、运营管理、财务管理、风险管理、监管信息披露五大分析体系功能。

数据增值类应用使数据科学家可以根据自己对业务需求的理解或者对市场的判断，设计并运行模型，发掘数据价值，并封装成商业产品。

时效分析类应用使客户经理等最终业务人员针对当前业务的发生（如用户交易、用户访问日志），可以进行实时查询、分析的应用。

历史查询类应用针对公检法查询需求、内外部审计需求和云终端用户的历史交易查询需求，以贴源存储的归档数据为基础实现查询类应用。

沙盘演练类应用使业务人员根据业务需求或自己对业务的理解，设计计算模型，准备各类明细或汇总数据，导入模型运算，验证业务结果。

5. 数据访问层

数据访问层的设计主要是针对不同类型的数据使用者，提供不同的数据展现形式。数据使用者大致可分为管理层决策者、业务人员、数据科学家。

针对管理层决策者数据呈现形式以仪表盘和静态报表为主，通过仪表盘及其他展现方式对企业关键绩效指标进行展示，为领导层决策提供直观的数据支持，按照预先定义格式生成批处理报表、在线查询报表等方式进行展示。

针对业务人员数据的使用方式多为即席查询、多维分析为主。通过即席查询工具或 SQL 语句，完成业务信息的即席查看。从多个维度灵活组合对目标值进行分析，常见功能包括上下钻取，透视钻取，旋转、分页、层钻，跨维钻取等。

数据科学家使用专业的软件工具，通过数理统计等高级统计分析算法，分析结构化、非结构化数据，通过数据模型去挖掘隐藏在数据中的价值。

（二）数据管控层

数据管控层的结构模式如图 1-8 所示。底层为元数据管理、数据质量管理、数据安全管理等管理平台，底层平台的构建可以选取合适的大数据组件。

在底层平台之上是由数据管控组织、评价与考核、管控流程这三个域相互作用、相互支撑构成的数据管控系统。

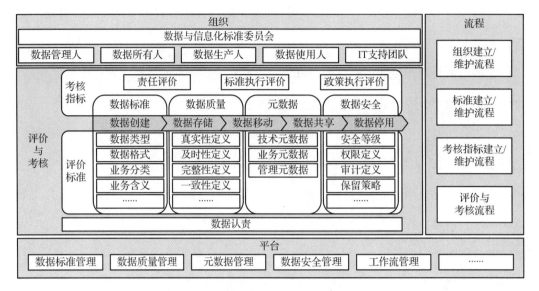

图 1-8　大数据管理体制内部运转机制

1. 数据管控组织

数据管控组织的重点是明确数据管控过程中的组织结构、角色、职责等。数据管控组织除了要负责制定数据标准、质量、安全等要求外，还需要负责制定管控的相关流程和评价考核的指标等内容。

数据管控组织是数据管控体系中最重要的因素，它负责定义和管理业务数据相关标准，制定遵循标准所必需的政策，监测正在进行的数据管控行动。

数据管控组织是否有完整与合理的角色定义、是否有高层领导的参与，是整个数据管控成败的关键。

典型的数据管控组织如图 1-9 所示，可以根据职能或个人层级定义大数据管理角色。在不同组织之间，角色名称会有所不同，对某些角色的需求会增加或减少。

无论是直接角色（如设计数据仓库的数据架构师），还是间接角色（如开发网站的 Web 开发人员），所有 IT 角色都可以映射到数据生存周期中的某个点，因此他们都会影响大数据管理。同样，许多业务角色需要创建、访问或操作数据，某些角色（如数据质量分析师）需要综合技术技能和业务知识。

2. 评价与考核

评价与考核是通过建立一些定性或定量的数据管控评价考核指标，去评估及考核

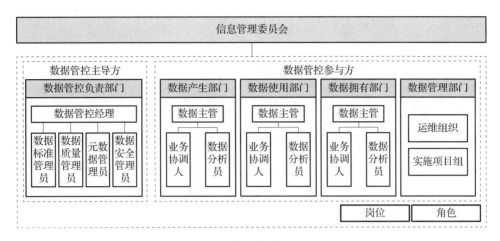

图1-9　数据管控组织图

数据相关责任人职责履行情况、数据管控标准及数据政策的执行情况等。评价与考核包括如下内容。

（1）数据标准管理。数据标准管理涵盖了消除一数多义，提升数据的唯一性、一致性，将逐步形成的数据标准纳入一个规范的管理流程中，进行数据标准的更新、发布、使用监督等工作。数据标准管理工作可以分为几个部分：数据标准建立和维护、数据标准执行、数据标准管理的考评。

（2）数据质量管理。数据质量管理工作有：数据质量要求确认，根据业务要求制定和明确数据质量要求，同时也需要符合数据标准的要求；数据质量考评，对数据质量的量化评价；制定数据质量问题解决方案，根据数据质量考评和日常工作中发现的数据质量问题，实施相应的措施。

（3）元数据管理。元数据管理分为业务元数据管理、技术元数据管理与操作元数据管理三个部分。

业务元数据管理：面向业务人员，从业务术语、业务描述、业务指标和业务规则等几个方面对数据进行描述。面向数据管理人员，从运维管理的角度描述数据处理、数据资产和数据安全的状态信息。

技术元数据管理：面向技术人员，从数据结构和数据处理细节方面对数据进行技术化描述。

操作元数据管理：面向数据管理人员从运维管理的角度描述数据处理、数据净资产和数据安全的状态信息。

（4）数据安全管理。数据安全管理可分为数据安全分级管理和数据访问授权管理两个部分。

数据安全分级管理是根据业务要求，制定一系列的数据安全分级标准和策略，为数据应用以及大数据管理中实施数据安全保护和访问提供数据安全控制的基础。

数据访问授权管理的主要工作是根据数据安全分级标准定义数据访问的授权方法及流程，建立基于数据安全分级的数据使用授权机制，实现数据访问和信息披露的安全。

3. 管控流程

管控流程规范了数据管控过程中各个环节日常任务处理的运作模式，例如数据定义如何变更、数据冲突如何协调等。不同类型流程如下。

业务数据规划管理高阶流程：包括数据认责流程、数据治理考核体系、数据治理考核流程、数据治理考核指标体系等。

数据标准管理高阶流程：包括数据标准建立流程、数据标准维护流程等。

数据质量管理高阶流程：包括数据质量要求确定流程等。

元数据管理高阶流程：包括元数据变更流程等。

数据安全管理高阶流程：包括数据安全审批流程等。

思考题

1. 简述大数据管理与数据治理的不同。

2. 请将大数据管理的内容分为三类，并简述每类的主要内容。

3. 请写出五种及以上大数据管理的挑战，并对其中一种进行简要阐述。

4. 请写出数据治理的五大原则，并对其中一种进行简要阐述。

5. 请结合对大数据管理平台框架的理解，简述数据管控层由哪些部分组成，并说明各部分的工作内容。

第二章
元数据管理

　　元数据通常被理解为描述数据的数据，没有元数据的数据往往不能充分地被利用，甚至变成了存储的负担，同时也面临着数据误用的风险。随着互联网的发展，企业收集和使用的数据逐年激增，企业大数据环境中的数据形态多样、标准不一，在类型不同的数据之间进行采集、传播和共享信息就成了难题。企业需要对这些数据进行统一标准的管控，这就是元数据管理。

　　本章主要介绍元数据的管理工作，首先从概念上介绍元数据的分类及来源，再从管理的角度介绍元数据管理活动流程，最后以电商应用程序项目案例的形式，介绍如何使用元数据管理工具 Atlas 整合元数据，查询 Hive 中表或字段的元数据信息及数据血缘。

- ● **职业功能：** 元数据的管理。
- ● **工作内容：** 按照元数据管理活动的流程，对各种来源的元数据进行分类管理，重点工作是对元数据进行整合，使用 Atlas 导入 Hive 中的元数据，并查看其中的表和字段的元数据信息、数据血缘及审计信息。
- ● **专业能力要求：** 熟悉元数据的类型；熟悉元数据管理活动的流程；能够根据自身工作环境，举例多种元数据；能够使用 Atlas 查询 Hive 中的元数据信息（技术元数据）；能够使用 Atlas 查询 Hive 中的血缘依赖（业务元数据）；能够使用 Atlas 查询 Hive 中的审计信息（操作元数据）。

● **相关知识要求：**元数据的来源、元数据的类型、元数据管理活动的流程、元数据整合、Atlas 的使用（导入 Hive 中的元数据，对其中的技术元数据、业务元数据、操作元数据进行查询）。

第一节　元数据概述

一、元数据与数据

元数据，又称中介数据、中继数据，为描述数据的数据（data about data），主要是描述数据属性（property）的信息，用来支持如指示存储位置、历史数据、资源查找、文件记录等功能。

元数据也是一种数据，应该用数据管理的方式进行管理。一些组织面临的问题是如何在元数据和非元数据之间划分界限。从概念上讲，这条分界线与数据所代表的抽象级别有关。例如，对某个抽样群体的短信内容进行分析时，通常，"真实"数据只包含短信的内容，而短信接收人和发件人、发件时间则被视为元数据。

从经验来说，一个人的元数据，可能是另一个人的数据。即使是看似元数据的东西（如一列字段名称），也可能是普通数据。例如，该数据可以作为输入，满足多个不同组织理解数据和分析数据的需求。

为了管理元数据，组织不应该担心理论上的区别，相反，他们应该定义元数据需求，重点关注元数据能用来做什么（创建新数据、了解现有数据、实现系统之间的流转、访问数据、共享数据）和满足这些需求的源数据。

二、元数据来源

从元数据的类型能够清楚地看出，元数据的来源各异。此外，如果来自应用和数据库中的元数据管理得当，它们就可以被较为容易地收集和整合。但是，大多数组织都没有在应用层面很好地管理元数据。因为元数据通常不是为消费而创造的，所以它主要是作为应用程序处理的副产品而不是最终产品。与其他形式的数据一样，在元数据集成之前，还需要做大量的准备工作。

定义良好的业务元数据可以在不同的项目中重复使用，并促进在不同数据集的业务概念得到一致理解。组织还可以有意规划元数据的集成作为开发元数据的一部分，以便元数据可以重复使用。例如，可以整理一个系统清单，所有与特定系统相关的元数据都可以使用相同的系统标识符进行标记。

很少有组织会创建描述和管理元数据的元数据，更不要说为此投入资金了。即使有的组织为元数据本身投入资金并创建了元数据，也不太可能实施维护流程。在这方面，元数据与其他数据一样，元数据的创建应该有明确的定义流程，并可以使用工具保障其整理质量，管理员和其他数据管理专业人员应确保有适当的流程来维护与这些流程相关的元数据。例如，如果组织从其数据模型中收集关键元数据，应该确保有一个合适的变更管理过程保持模型的最新状态。

为了对元数据有更深入的感受，此处概述一系列元数据的来源。

（一）应用程序中的元数据存储库

元数据存储库指代存储元数据的物理表，这些表通常内置在建模工具、BI（business intelligence，商务智能）工具和其他应用程序中。随着组织元数据管理成熟度的提升，组织希望将不同应用程序中的元数据集成，以便数据使用者可以查看到各种信息。

（二）业务术语表（business glossary）

业务术语表的作用是记录和存储组织的业务概念、术语、定义以及这些术语之间的关系。

在许多组织中，业务术语表仅仅是一个电子表格。但是，随着组织的日渐成熟，他们会经常购买或构建术语表，这些术语表包含健壮（robust）的信息以及跟随时间变化的管理能力。与所有面向数据的系统一样，设计业务术语表应考虑具有不同角色和职责的硬件、软件、数据库、流程和人力资源。业务术语表应用程序的构建需满足三

类核心用户的功能需求。

1. 业务用户（business users）

业务用户包括数据分析师、研究分析师、管理人员和使用业务术语表来理解术语和数据的其他人员。

2. 数据管理专员（data stewards）

数据管理专员使用业务术语表管理和定义术语的生存周期，并通过将数据资产与术语表相关联增强企业知识，如将术语与业务指标、报告、数据质量分析或技术组件相关联。数据管理专员收集尚未收录的术语和术语表使用中的问题，以帮助解决整个组织的认知差异。

3. 技术用户（technical users）

技术用户使用业务术语表设计架构、设计系统和开发决策，并进行影响分析。

业务术语表应包含业务术语属性，例如：

- 术语名称、定义、缩写或简称，以及任何同义词。
- 负责管理与术语相关数据的业务部门和（或）应用程序。
- 维护术语的人员姓名和更新日期。
- 术语的分类或分类间的关联关系（业务功能关联）。
- 需要解决的冲突定义、问题的性质、行动时间表。
- 常见的误解。
- 支持定义的算法。
- 术语的血缘。
- 支持该术语的官方或权威数据来源。

每个业务术语表的实施都应该有一组支持治理过程的基本报告。但是并不建议"打印术语表"，因为术语表的内容不是静态的。数据管理专员通常负责词汇表的开发、使用、操作和报告。报告包括跟踪尚未审核的新术语和定义、处于挂起状态的术语和缺少定义或其他属性的术语。

易用性和功能性会背道而驰，业务术语表的搜索便捷性越高，越容易推广使用。但是，术语表最重要的特征是它包含足够完整和高质量的信息。

（三）商务智能工具

商务智能工具生成与商务智能设计相关的各类元数据，包括概述信息、类、对象、衍生信息和计算的项、过滤器、报表、报表字段、报表展现、报表用户、报表发布频率和报表发布渠道。

（四）配置管理工具

配置管理工具或配置管理数据库（configuration management data-base，CMDB）提供了管理和维护与 IT 资产、它们之间的关系以及资产的合同细节相关的元数据的功能。CMDB 数据库中的每个资产都被称为配置项（configuration items，CI），CMDB 为每个配置项类型收集和管理标准元数据。许多组织将 CMDB 与变更管理流程集成，以识别受特定资产变更影响的相关资产或应用程序。存储库提供了将元数据存储库中的资产链接到 CMDB 中的实际物理结构的实现细节的机制，以提供数据和平台的完整视图。

（五）数据字典

数据字典定义数据集的结构和内容，通常用于单个数据库、应用程序或数据仓库。数据字典可用于管理数据模型中每个元素的名称、描述、结构、特征、存储要求、默认值、关系、唯一性和其他属性。它还应包含表或文件定义。数据字典嵌入在数据库工具中，用于创建、操作和处理其中包含的数据。数据使用者如需使用这类元数据，则必须从数据库或建模工具中进行提取。数据字典还可以描述那些可开放交流的、在安全限制下可用的、在业务流程中应用的数据元素。通过直接利用逻辑数据模型中的内容，在定义、发布和维护用于报告和分析的语义层时可以节省时间。但是，应谨慎使用现有定义，尤其是在元数据管理成熟度较低的组织中，因为现有定义往往未经充分论证和沟通，存在太多随意性。

在数据模型的开发过程中，会解释许多关键业务流程、关系和术语。当将物理结构部署到生产环境中时，通常会丢失在逻辑数据模型中捕获的部分信息。数据字典可以帮助组织确保此信息不会完全丢失，以及在生产部署之后逻辑模型与物理模型保持一致。

（六）数据集成工具

许多数据集成工具用于可执行文件将数据从一个系统转移到另一个系统，或在同一系统中的不同模块之间转移。许多工具生成临时文件，其中可能包含数据的副本或派生副本。这些工具能够从各种数据源加载数据，通过分组、修正、重新格式化、连接、筛选或其他操作对加载的数据进行操作，然后生成输出数据。这些数据将被分发到目标位置，它们记录在系统之间移动数据的沿袭关系。任何成功的元数据解决方案都应该能够通过在集成工具移动时沿袭元数据，并将其作为从实际数据源到最终目的地的整体血缘进行公开。

数据集成工具提供了应用程序接口（application programming interface，API），允许外部元数据存储库提取血缘关系信息和临时文件元数据。一旦元数据存储库收集了信息，元数据管理工具就可以为任何数据元素生成全局数据地图。数据集成工具还提供有关各种数据集成作业执行的元数据，包括上次成功运行、持续时间和作业状态。某些元数据存储库可以提取数据集成运行时的统计信息和元数据，并将其与数据元素一起公开。

（七）数据库管理和系统目录

数据库目录是元数据的重要来源，它们描述了数据库的内容、信息大小、软件版本、部署状态、网络正常运行时间、基础架构正常运行时间、可用性，以及许多其他操作元数据属性。最常见的数据库形式是关系型的，关系型数据库将数据作为一组表和列进行管理，其中表包含一个或多个列、索引、约束、视图和存储过程。元数据解决方案应该能够连接到各种数据库和数据集，并读取数据库公开的所有元数据。一些元数据存储库工具可以集成系统管理工具中公开的元数据，以提供描述数据资产的更全面图像。

（八）数据映射管理工具

数据映射管理工具用于项目的分析和设计阶段，它将需求转换为映射规范，然后由数据集成工具直接使用或由开发人员用来生成数据集成代码。映射文档通常也存储在整个企业的 Excel 文档中。一些厂商现在正在考虑为映射规范提供集中存储库，这些存储库具有版本控制和变更分析的功能。此外，许多映射工具与数据集成工具集成后，便可以自动生成数据集成程序，并且大多数映射工具还可以与其他元数据和参考数据存储库进行数据交换。

（九）数据建模工具和存储库

数据建模工具用于构建各种类型的数据模型：概念模型、逻辑模型和物理模型。

这些工具生成与应用程序或系统模型设计相关的元数据，如主题域、逻辑实体、逻辑属性、实体和属性关系、父类型和子类型、表、字段、索引、主键和外键、完整性约束以及模型中其他类型的属性。元数据存储库可以提取由这些工具创建的模型，并将导入的元数据整合到存储库中。数据建模工具通常是数据字典内容的来源。

（十）其他元数据存储

其他元数据的种类繁多，大多是指特定格式的清单，如事件注册表、源列表或接口、代码集、词典、时空模式、空间参考、数字地理数据集的分发、存储库的业务规则。

三、元数据的类型

元数据通常分为三种类型：业务元数据、技术元数据和操作元数据。这些类别使人们能够理解属于元数据总体框架下的信息范围，以及元数据的产生过程。也就是说，这些类别也可能导致混淆，特别是当人们对一组元数据属于哪个类别或应该由谁使用这个类别产生疑问时，最好是根据数据的来源而不是使用方式来考虑这些类别。就使用而言，元数据不同类型之间的区别并不严格，技术和操作人员既可以使用业务元数据，也可以使用其他类型元数据。

（一）业务元数据

业务元数据主要关注数据的内容和条件，且包括与数据治理相关的详细信息。业务元数据包括主题域、概念、实体、属性的非技术名称和定义、属性的数据类型和其他特征，如范围描述、计算公式、算法和业务规则、有效的域值及其定义。业务元数据示例包括：

- 数据集、表和字段的定义和描述。
- 业务规则、转换规则、计算公式和推导公式。
- 数据模型。
- 数据质量规则和核验结果。
- 数据的更新计划。
- 数据溯源和数据血缘。

- 数据标准。

- 特定的数据元素记录系统。

- 有效值约束。

- 利益相关方联系信息（如数据所有者、数据管理专员）。

- 数据的安全/隐私级别。

- 已知的数据问题。

- 数据使用说明。

（二）技术元数据

技术元数据提供有关数据的技术细节、存储数据的系统以及在系统内和系统之间数据流转过程的信息。技术元数据示例包括：

- 物理数据库表名和字段名。

- 字段属性。

- 数据库对象的属性。

- 访问权限。

- CRUD（create、retrieve、update、delete，增、删、改、查）规则。

- 物理数据模型，包括数据表名、键和索引。

- 记录数据模型与实物资产之间的关系。

- ETL 作业详细信息。

- 文件格式模式定义。

- 源到目标的映射文档。

- 数据血缘文档，包括上游和下游变更影响的信息。

- 程序和应用的名称和描述。

- 周期作业（内容更新）的调度计划和依赖。

- 恢复和备份规则。

- 数据访问的权限、组、角色。

（三）操作元数据

操作元数据描述了处理和访问数据的细节，例如：

- 批处理程序的作业执行日志。

- 抽取历史和结果。

- 调度异常处理。

- 审计、平衡、控制度量的结果。

- 错误日志。

- 报表和查询的访问模式、频率和执行时间。

- 补丁和版本的维护计划和执行情况，以及当前的补丁级别。

- 备份、保留、创建日期、灾备恢复预案。

- 服务水平协议（service-level agreement，SLA）要求和规定。

- 容量和使用模式。

- 数据归档、保留规则和相关归档文件。

- 清洗标准。

- 数据共享规则和协议。

- 技术人员的角色、职责和联系信息。

四、元数据管理工具 Atlas 介绍

Atlas 是一个可伸缩和可扩展的元数据管理与数据治理服务工具，其设计的目的是为了与其他大数据系统组件交换元数据，改变以往标准各异、各自为战的元数据管理方式，构建统一的元数据库与元数据定义标准，并且与 Hadoop 生态系统中各类组件相集成，建立统一、高效且可扩展的元数据管理平台。

对于需要元数据驱动的企业级 Hadoop 系统来说，Atlas 提供了可扩展的管理方式，并且能够十分方便地支持对新的商业流程和数据资产进行建模。其内置的类型系统（type system）允许 Atlas 与 Hadoop 大数据生态系统之内或之外的各种大数据组件进行元数据交换，这使得建立与平台无关的大数据管理系统成为可能。同时，对于不同系统之间的差异以及需求的一致性问题，Atlas 都提供了十分有效的解决方案。

Atlas 能够在满足企业对 Hadoop 生态系统预设要求的条件下，高效地与企业平台的所有生态系统组件进行集成。同时，Atlas 可以运用预先设定的模型在 Hadoop 中实

现数据的可视化，提供易于操作的数据审计功能，并通过数据血缘查询来丰富企业的各类商业元数据。它也能够让任何元数据消费者与其相互协作而不需要在两者之间构建分离的接口。另外，Atlas 中的元数据的准确性和安全性由 Ranger 来保证，Ranger 能够在运行时阻止那些不具备权限的数据访问请求。

（一）Atlas 架构简介

Atlas 的各组成部分的架构图如图 2-1 所示。

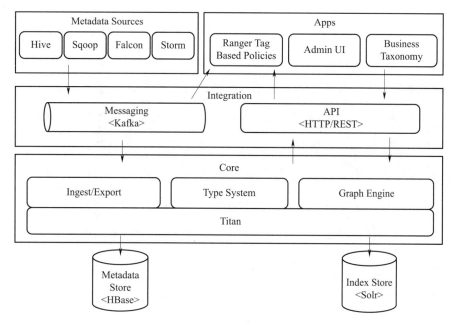

图 2-1　Atlas 架构图

1. 元数据源（Metadata Sources）

Atlas 支持与多种数据源相互整合，在未来会有更多的数据源被整合到 Atlas 之中。管理的数据源有 Hive、Sqoop、Falcon、Storm。

这意味着在 Atlas 中定义了原生的元数据模型来表示这些组件的各种对象；Atlas 中提供了相应的模块从这些组件中导入元数据对象，包括实时导入（Hook 模式）和批处理导入（Batch 模式）两种方式。

2. 应用（Apps）

在 Atlas 的元数据库中存储着各种组件的元数据，这些元数据将被各式各样的应用所使用，以满足各种现实业务与数据治理的需要。

（1）Atlas 管理界面（Admin UI）。该组件是一个基于 Web 的应用程序，它允许管理员与数据科学家发现元数据信息和添加元数据注解。在诸多主要的功能中，Atlas 提供了搜索接口与类 SQL 语言，这些特性在 Atlas 的架构中扮演着十分重要的角色，它们能够被用于查询 Atlas 中的元数据类型和对象。另外，该管理界面使用 Atlas 的 REST API 来构建它的功能。

（2）基于各种策略的标签验证（Ranger Tag Based Policies）。对于整合了诸多 Hadoop 组件的 Hadoop 生态系统，Ranger 是一个高级安全解决方案。通过与 Atlas 整合，Ranger 允许管理员自定义元数据的安全驱动策略来对大数据进行高效的治理。当元数据库中的元数据发生改变时，Atlas 会以发送事件的方式通知 Ranger。

（3）商业业务分类（Business Taxonomy）。从各类元数据源中导入 Atlas 的元数据以最原始的形式存储在元数据库中，这些元数据还保留了许多技术特征。为了加强挖掘与治理大数据的能力，Atlas 提供了一个商业业务分类接口，允许用户对其商业领域内的各种术语建立一个具有层次结构的术语集合，并将它们整合成能够被 Atlas 管理的元数据实体。商业业务分类这一应用，目前是作为 Atlas 管理界面的一部分而存在的，它通过 REST API 来与 Atlas 集成。

3. 集成交互模块（Integration）

Atlas 提供了两种方式供用户管理元数据。

（1）API。Atlas 的所有功能都可以通过 REST API 的方式提供给用户，以便用户可以对 Atlas 中的类型和实体进行创建、更新和删除等操作。同时，REST API 也是 Atlas 中查询类型和实体的主要机制。

（2）消息系统（Messaging）。除了 REST API，用户可以选择基于 Kafka 的消息接口来与 Atlas 集成。这种方式有利于与 Atlas 进行元数据对象的交换，也有利于其他应用对 Atlas 中的元数据事件进行获取和消费。当用户需要以一种松耦合的方式来集成 Atlas 时，消息系统接口变得尤为重要，因为它能提供更好的可扩展性和稳定性。在 Atlas 中，使用 Kafka 作为消息通知的服务器，从而使得上游不同组件的钩子（Hook）能够与元数据事件的下游消费者进行交互。这些事件被 Atlas 的钩子所创建，并冠以不同的 Kafka 主题。

4. 核心模块（Core）

在 Atlas 的架构中，其核心组成部分为其核心功能提供了最为重要的支持。

（1）类型系统（Type System）。Atlas 允许用户根据自身需求来对元数据对象进行建模。这样的模型由被称为"类型"的概念组成，类型的实例被称为"实体"（entity），实体能够呈现出元数据管理系统中实际元数据对象的具体内容。同时，Atlas 中的这一建模特点允许系统管理员定义具有技术性质的元数据和具有商业性质的元数据，这也使得在 Atlas 的两个特性之间定义丰富的关系成为可能。

（2）导入/导出（Ingest/Export）。Atlas 中的导入模块允许将元数据添加到 Atlas 中，而导出模块将元数据的状态暴露出来，当状态发生改变时，便会生成相应的事件。下游的消费者组件会获取并消费这一事件，从而实时地对元数据的改变做出响应。

（3）图引擎（Graph Engine）。在 Atlas 内部，Atlas 使用图模型（一种数据结构）来表示元数据对象，这一表示方法的优势在于可以获得更好的灵活性，同时有利于在不同元数据对象之间建立丰富的关系。图引擎负责对类型系统中的类型和实体进行转换，并与底层图模型进行交互。除了管理图对象，图引擎也负责为元数据对象创建合适的索引，使得搜索元数据变得更为高效。

（4）Titan 图数据库。目前，Atlas 使用图数据库 Titan 来存储元数据对象。Titan 使用两个数据库来存储数据，分别是元数据库和索引数据库。默认情况下，元数据库使用 HBase，索引数据库使用 Solr。同时，Atlas 也允许更改相应配置文件，将 Berkeley-DB 和 ElasticSearch 作为其元数据库和索引数据库。元数据库的作用是存储元数据，而索引数据库的作用是存储元数据各项属性的索引，从而提高搜索的效率。

（二）Atlas 核心服务

Atlas 使得企业能够高效地解决各类需求的原因，在于它提供了大数据管理中可扩展的核心治理服务，这些服务为以下方面。

1. 元数据交换

元数据交换允许从当前的组件导入已存在的元数据或模型到 Atlas 中，也允许导出元数据到下游系统中。

2. 数据血缘

Atlas 在平台层次上，针对 Hadoop 组件抓取数据血缘信息，并根据数据血缘间的关系构建数据的生存周期。

3. 数据生存周期可视化

它通过 Web 服务将数据生存周期以可视化的方式展现给客户。

4. 快速数据建模

Atlas 内置的类型系统允许通过继承已有类型的方式来自定义元数据结构，以满足新的商业场景的需求。

5. 丰富的 API

Atlas 提供了目前比较流行且灵活的方式，能够通过 API 对 Atlas 服务、HDP（Horton-work data platform）组件、UI 及外部组件进行访问。

第二节　元数据管理活动流程

一、理解元数据需求

元数据需求的具体内容是需要哪些元数据和哪种详细级别。例如，需要采集表和字段的物理名称和逻辑名称。元数据的内容广泛，业务和技术数据使用者都可以提出元数据需求。

元数据综合解决方案由以下功能需求点组成。

- 更新频次：元数据属性和属性集更新的频率。

- 同步情况：数据源头变化后的更新时间。

- 历史信息：是否需要保留元数据的历史版本。

- 访问权限：通过特定的用户界面功能，谁可以访问元数据，如何访问。

- 存储结构：元数据如何通过建模来存储。

- 集成要求：元数据从不同数据源的整合程度，整合的规则。

- 运维要求：更新元数据的处理过程和规则（记录日志和提交申请）。

- 管理要求：管理元数据的角色和职责。

- 质量要求：元数据质量需求。

- 安全要求：一些元数据不应公开，如可能泄露高度保密数据的信息。

二、定义元数据架构

元数据管理系统必须具有从不同数据源采集元数据的能力，设计架构时应确保可以扫描不同元数据源和定期更新元数据存储库，系统必须支持手工更新元数据、请求元数据、查询元数据和被不同用户组查询。

受控的元数据环境应为最终用户屏蔽元数据的多样性和差异性。元数据架构应为用户访问元数据存储库提供统一的入口，该入口必须向用户透明地提供所有相关元数据资源，这意味着用户可以在不关注数据源差异的情况下访问元数据。在数据分析和大数据解决方案中，接口可能包含大量用户自定义函数（user-defined function，UDF）以利用多个数据集，描述这些自定义函数的元数据通常以不透明的方式向最终用户公开。因此，在方案中减少对用户自定义函数的依赖，将使最终用户更加直接地收集、检查和使用数据集，许多支持的元数据也可以更好地公开。

组织根据具体的需求设计元数据架构。与设计数据仓库相似，建立公共元数据存储库通常有三种技术架构方法：集中式、分布式和混合式。

三、创建和维护元数据

元数据是通过一系列过程创建的，并存储在组织中的不同地方。为保证高质量的元数据，应把元数据当作产品来进行管理。高质量的元数据不是偶然产生的，而是认真计划的结果。

（一）元数据创建

元数据创建主要包括整合元数据、分发和传递元数据。

1. 整合元数据

集成过程中从整个企业范围内收集和整合元数据，包括从企业外部获取数据中的元数据。元数据存储库应当将提取的技术元数据与相关的业务、流程和管理元数据集成在一起，可以使用适配器、扫描仪、网桥应用程序或直接访问源数据存储中的方式来提取元数据。第三方厂商的软件工具和元数据整合工具都提供采集适配器程序。在某些情况下，需要通过 API 来开发适配器。

元数据整合过程中可能存在一些挑战，也可能需要诉诸数据治理流程进行协调解决，例如在对内部数据集、外部数据（如政府统计数据）、非电子形式数据（如白皮书、杂志文章或报表）进行整合时，可能会出现大量的质量和语义方面的问题。

对元数据存储库的扫描有两种不同的方式。

（1）专用接口。采用单步方式，扫描程序从来源系统中采集元数据，直接调用特定格式的装载程序，将元数据加载到元数据存储中。在此过程中，不需要输出任何中间元数据文件，元数据的采集和装载也是一步完成的。

（2）半专用接口。采用两步方式，扫描程序从来源系统中采集元数据，并输出到特定格式的数据文件中。扫描程序只产生目标存储库能够正确读取和加载的数据文件。数据文件可以被多种方式读取，所以这种接口的架构更加开放。在此过程中，扫描程序产生和使用多种类型文件。

- 控制文件：包含数据模型的数据源结构信息。
- 重用文件：包含管理装载流程的重用规则信息。
- 日志文件：在流程的每一阶段、每次扫描或抽取操作生成的日志。
- 临时和备份文件：在流程中使用或做追溯流程所使用的文件。

可以使用一个非持久的元数据暂存区进行临时和备份文件的存储，暂存区应支持回滚和恢复处理，并提供临时审计跟踪信息，这样有助于存储库管理员追踪元数据来源或质量问题。暂存区可以采用文件目录或数据库的形式。

在数据仓库和商务智能构建时所使用的数据整合工具通常也适用于元数据整合。

2. 分发和传递元数据

元数据可传递给数据消费者和需要处理元数据的应用或工具，机制包括：

- 元数据内部网站，提供浏览、搜索、查询、报告和分析功能。
- 报告、术语表和其他文档。
- 数据仓库、数据集市和商务智能工具。
- 建模和软件开发工具。
- 消息传送和事务。
- Web 服务和应用程序接口。
- 外部组织接口方案（如供应链解决方案）。

元数据方案通常与商务智能方案有联系，所以元数据方案的范围和流转与商务智能内容同步。正因为有这样的联系，元数据需要整合到商务智能的交付物中，并提供给最终用户使用。同样，一些客户关系管理（customer relationship management，CRM）或企业资源规划（enterprise resource planning，ERP）方案可能也需要在应用交付时整合元数据信息。

有时，可能需要通过文件（文本、XML 或 JSON 格式）或 Web 服务方式将元数据与外部组织进行交互。

（二）元数据维护

元数据维护的几个一般原则描述了管理元数据质量的方法。

1. 责任（accountability）

认识到元数据通常通过现有流程产生（数据建模，系统生存周期业务流程定义），因此流程的执行者对元数据质量负责。

2. 标准（standards）

相关人员制定集成简单且适用的审计元数据标准，并执行此标准。

3. 改进（improvement）

建立反馈机制保障用户可以将不准确或已过时的元数据通知元数据管理团队。

如其他类型数据一样，可以对元数据进行剖析和质量检查。元数据工作应是可审计的，相关人员应按计划进行或完成元数据维护工作。

四、查询、报告和分析元数据

相关人员合理地利用在商务智能（报表和分析）、商业决策（操作型、运营型和战略型）以及业务语义（业务所述内容及其含义）等方面的元数据，可以使数据资产更好地被使用。元数据存储库应该具有前端应用程序，并支持查询和获取功能，从而满足以上各类数据资产管理的需要。提供给业务用户的应用界面和功能与提供给技术用户和开发人员的界面和功能有所不同，后者可能会包括有助于新功能开发（如变更影响分析）或有助于解决数据仓库和商务智能项目中数据定义问题（如数据血缘关系报告）的功能。

第三节　元数据整合

一、项目案例介绍

（一）业务背景介绍

某电商公司通过其业务应用软件数据上报到服务器的形式，收集了很多用 JSON（JavaScript object notation，JavaScript 对象简谱）格式的用户行为数据。营销人员提出需求：计算用户每日活跃指数，即从用户浏览商品个数、评论数、点赞数、广告点击数、商品消息推送数等方面，全面了解每位用户每日使用此应用软件的活跃程度，并对活跃指数高的用户给予一定的奖励或优惠。

（二）数据仓库模型介绍

该公司数据存储于 HDFS 中，使用 Hive 外部表的方式操作用户数据，并根据日期设置分区时间。数据仓库模型设计图如图 2-2 所示，其中操作型数据存储（operational data store，ODS）层为原始的用户行为数据，数据仓库明细（data warehouse detail，DWD）层中的用户行为明细表 dwd_base_event_log 为 JSON 解析后的数据，使用自定义函数抽取不同场景下的数据，并灌入商品展示明细表、广告信息明细表、消息通知明细表、评论明细表、点赞明细表等。数据仓库服务（data warehouse service，DWS）层为以用户为粒度，计算的各种场景的次数，如新浏览商品数量、广告点击数量、评论数量、收藏商品数量等信息。数据应用服务（application data service，ADS）层为按照特定算法，根据各种场景的触发次数计算的每日用户使用活跃得分。

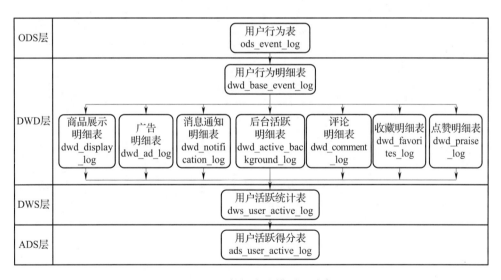

图 2-2　数据仓库模型设计

二、注册元数据

大多数企业的数字化建设都存在增量和存量两种场景，如何同时有效地管理这两种场景下的元数据就成了关键问题。公司通过标准的元数据注册方法，规范和统一元数据注册方法，实现了2种场景下业务元数据和技术元数据的高效连接，使业务人员能看懂数据、理解数据，并通过数据接口实现数据的共享与消费。

（一）元数据注册原则

（1）数据所有者负责：谁的数据就由谁负责业务元数据和技术元数据连接关系的建设和注册发布。

（2）按需注册：各领域数据管理部根据数据搜索、共享的需求，推进元数据注册。

（3）注册的元数据的信息安全密级为内部公开。

（二）元数据注册规范

元数据的注册过程可以通过元数据注册三步法完成，如图2-3所示。

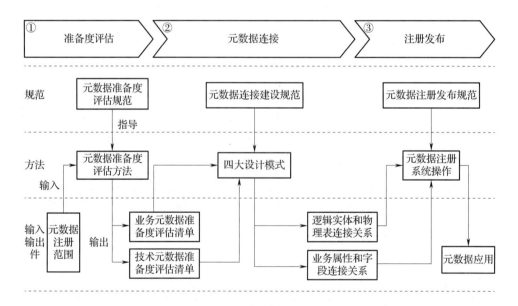

图2-3　元数据注册方法

1. 准备度评估

准备度评估项包括如下检查要点。

（1）IT系统名称必须是公司标准名称。

（2）数据资产目录是否经过评审并正式发布。

（3）数据所有者是否确定数据密级。

（4）是否确定了表的类型，如物理表/虚拟表/视图名。

2. 元数据连接

（1）逻辑实体和物理表/虚拟表/视图一对一连接规范。在业务元数据与技术元数据连接的过程中，必须遵从逻辑实体和物理表/虚拟表/视图一对一的连接原则，如果出现一对多、多对一或多对多的情况，各领域须根据实际场景，参照元数据连接的设计模式进行调整。

（2）业务属性与字段一对一连接规范。除了逻辑实体与物理表/虚拟表/视图要求一一对应外，属性和非系统字段（具备业务含义）也要求遵从一对一的连接原则，如出现属性与字段匹配不上的情况，可参考元数据关联的设计模式进行调整。

3. 注册发布

根据元数据注册发布规范，对元数据注册系统进行操作，完成元数据注册后，通过元数据中心自动发布。

（三）元数据注册方法

元数据注册分为增量元数据注册和存量元数据注册两种场景。

增量元数据注册场景相对容易，在 IT 系统的设计与开发过程中，落实元数据的相关规范，确保系统上线时即完成业务元数据与技术元数据连接，通过元数据采集器实现元数据自动注册。

针对存量元数据注册场景，在企业中一般使用元数据注册的四大模式。在符合元数据设计规范的前提下，进行业务元数据与技术元数据的连接及注册。

1. 一对一模式

（1）适用场景：适用于数据已发布信息架构和数据标准且物理落地，架构、标准与物理落地能一一对应的场景。

（2）解决方案：

• 将逻辑实体和物理表一对一连接。

• 逻辑实体属性和物理表字段一对一连接。

（3）应用实例：如图 2-4 所示。

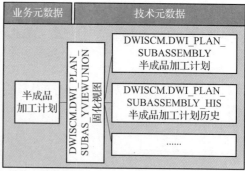

图 2-4　元数据注册一对一模式样例

2. 主从模式

（1）适用场景：适用于主表和从表结构一致，但数据内容基于某种维度分别存储在不同物理表中的场景。例如，按时间或按项目归档，或按区域进行分布式存储。

（2）解决方案：

• 识别主物理表和从属物理表。

• 以主物理表为核心，纵向合并（使用 UNION 操作符）所有从属物理表，并固化为视图。

• 将视图、逻辑实体、字段和业务属性一对一连接。

（3）应用实例：如图 2-5 所示。

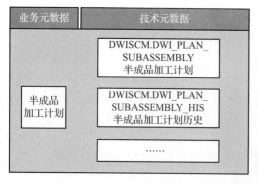

图 2-5　元数据注册主从模式样例

3. 主扩模式

（1）适用场景：适用于逻辑实体的大部分业务属性在主物理表，少数属性在其他物理表中的场景。

（2）解决方案：

• 识别主物理表和扩展物理表。

• 以主物理表为核心，横向连接（使用 JOIN 操作符）所有扩展物理表，完成扩展属性与主表的映射，并固化为视图。

• 将视图、逻辑实体、字段和业务属性一对一连接。

（3）应用实例：如图 2-6 所示。

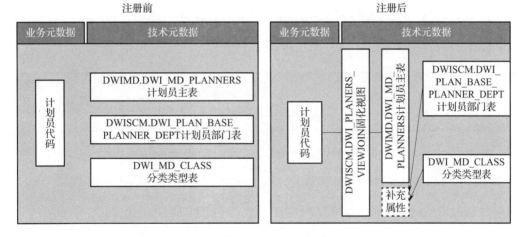

图 2-6　元数据注册主扩模式样例

4. 父子模式

（1）适用场景：适用于多个逻辑实体业务属性完全相同，按不同场景区分逻辑实体名称，但落地在同一张物理表的场景。

（2）解决方案：

• 识别一张物理表和对应的多个逻辑实体。

• 将物理表按场景拆分和多个逻辑实体一对一连接。

• 将物理表字段和多个逻辑实体属性一对一连接。

（3）应用实例：如图 2-7 所示。

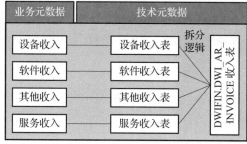

图 2-7　元数据注册父子模式样例

三、Atlas 的启动

启动 Apache 版 Atlas 服务需要先保障环境中的 Hadoop、Zookeeper、Kafka、HBase、Solr 等组件已启动。

```
# 启动 Atlas 服务
[newland@ master ~ ] $Atlas_start.py
```

Atlas 的日志文件在 $Atlas_HOME/logs 中，其中 application. log 记录了 Atlas 的全部日志信息，可以在该文件中观察到 Atlas 的启动运行情况。为了方便动态地观察，可以通过命令 $tail-f application. log 来实时地将日志文件信息打印在屏幕上。

在与 Atlas 安装的节点互连的任意机器上，使用浏览器，在浏览器地址中键入"<Atlas-host-ip>：21000"便可访问 Atlas 的 Web UI，如图 2-8 所示。

图 2-8　Atlas 登录界面

启动后第一次登录 Web UI 可能会访问不到，需要等待一段时间，Atlas 需要完成一些初始化的工作。

初始化的用户名和密码都是 admin，单击"Login（登录）"即可登录。若返回的是一串字符串，将浏览器地址栏中 21000 之后的内容删除，按回车键，即可正常访问 Atlas 的 Web UI。

四、Hive 的元数据导入 Atlas

（一）批处理导入 Hive 元数据

在集群 master 节点上，使用 HDFS 用户，在％Atlas_HOME％/bin 目录下执行 import-hive. sh 脚本，即可完成 Hive 的元数据导入。

```
[root@ master apache-atlas-2.0.0]# ./bin/import-hive.sh
```

该脚本执行过程中，需要输入用户名及密码，默认用户名和密码都为 admin。导入过程如图 2-9 所示。

```
2021-01-25T18:16:07,939 INFO [main] org.apache.atlas.ApplicationProperties - Property (set to default) atlas.graph.cache.db-c
ache-size = 0.5
2021-01-25T18:16:07,939 INFO [main] org.apache.atlas.ApplicationProperties - Property (set to default) atlas.graph.cache.tx-c
ache-size = 15000
2021-01-25T18:16:07,940 INFO [main] org.apache.atlas.ApplicationProperties - Property (set to default) atlas.graph.cache.tx-d
irty-size = 120
Enter username for atlas :- admin
Enter password for atlas :-
```

图 2-9　Hive 元数据导入过程

在 Atlas 源码中的 org. apache. atlas. hive. bridge. HiveMetaStoreBridge 实现了将 Hive 的元数据导入 Atlas 中，导入时使用定义好的 Hive 数据模型构造元数据。在调用过程中需要 Hadoop 和 Hive 的依赖包才能生效，因此往往使用设置"HADOOP_CLASSPATH"环境变量的方式，或者是设置"HADOOP_HOME"指向 Hadoop 安装的根目录。

元数据导入的执行日志存储在 Atlas 安装路径下的 logs/import-hive. log 中。数据导入成功后，控制台会输出如下信息：

Hive Data Model imported successfully！！！

（二）实时导入 Hive 元数据（Hook 钩子模式）

import-hive. sh 脚本能够完成将 Hive 中的元数据信息导入 Atlas 中，但这个过程需要手动完成，并且不能实时地监控 Hive 中的数据变动。若想要实时地关注 Hive 中数据的改变，可以通过配置 Hive Hook 的方式，完成对 Hive 的监听，自动导入 Atlas 规定格式的元数据到 Atlas 中。

Atlas 通过 Hive Hook 监听 Hive 的执行命令，Hive Hook 可以用来添加、更新、删除 Atlas 中的实体。

Hive Hook 的配置过程如下。

（1）在 hive-site. xml 中的<configuration></configuration>之间添加如下内容，hive-site. xml 文件在%HIVE_HOME%/conf 下。

```
[root@ master conf]# vi hive-site.xml

<property>
        <name>hive.exec.post.hooks</name>
        <value>org.apache.Atlas.hive.hook.HiveHook</value>
</property>
<property>
        <name>Atlas.cluster.name</name>
        <value>Atlas</value>
</property>
```

说明：<value>Atlas</value>表示集群的名称，名称可以自己设定，没有明确要求。

（2）打开%HIVE_HOME%/conf/hive-env. sh 文件，并在该文件的最后追加环境变量 HIVE_AUX_JARS_PATH。

```
[root@ master conf]# vi hive-env.sh

export HIVE_AUX_JARS_PATH = /home/newland/soft/Atlas/hook/hive
```

其中/home/newland/soft/Atlas 为 Atlas 的安装根目录，读者可根据自己集群设置的情况更改。

（3）将%ATLAS_HOME%/conf/Atlas-application.properties 拷贝到 Hive 的 conf 目录下。

```
[root@ master conf]# cp /home/newland/soft/Atlas/Atlas-application.properties /var/
local/hadoop/hive-1.2.1/conf
```

Atlas 的 Atlas-application.properties 文件中提供了一些属性，控制 Hive Hook 的线程池和通知系统的性能。本集群通常采用默认值，读者可根据自己的需要，对这些参数进行调整。

第四节　元数据查询

一、使用 Atlas 查询元数据信息

（一）元数据信息查询

在 Atlas 的 Web 界面中，若想要查询某张表的元数据信息，需要在左侧的"SEARCH（搜索）"菜单中的"Search By Type（按类型搜索）"选择"hive_table"，再在"Search By Text（按文本搜索）"中输入想要搜索的表名，然后点击"Search"按钮进行搜索。这里以 DWD 层中的用户行为明细表作为演示，如图 2-10 所示。

点击右侧的"Columns（列）"按钮，可以选择想展示的表信息（字段、表类型、数据库等），如图 2-11 所示。

点击表名可以进一步查看表的元数据信息，基本信息包括字段、创建时间、所在数据库、表名、创建者、分区字段、是否外部表等，如图 2-12 所示。

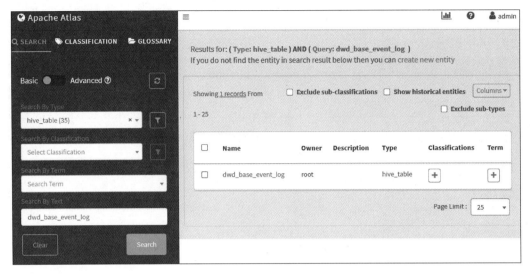

图 2-10　Atlas 中查询表

图 2-11　Atlas 设置显示的列

（二）查询字段

当不确定某些字段在哪个表中时，可以使用查询字段的方式进行查询。在 Atlas 中，提供了以字段进行查询的方式，在"SEARCH"的"Search By Type"中，选择"hive_column"，然后在"Search By Text"中输入要搜索的字段名，点击"Search"按钮便可进行查询。以搜索"score"字段为例，如图 2-13 所示。

在右侧界面中的搜索结果列表里，点击字段名可以进一步查看详细信息，如字段名、字段类型、所有者、所在表等信息，如图 2-14 所示。

使用这种方式，便可以快速定位某个字段所在的表的位置。

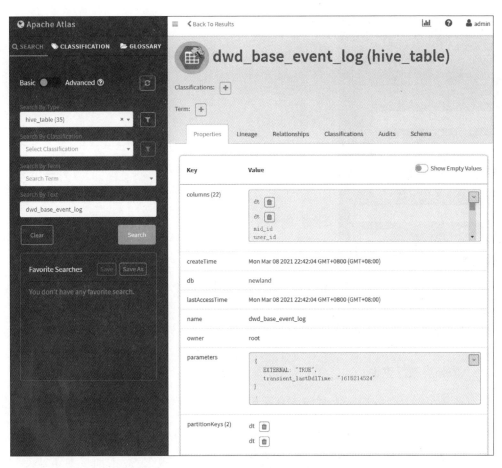

图 2-12　Atlas 中 Hive 表的元数据

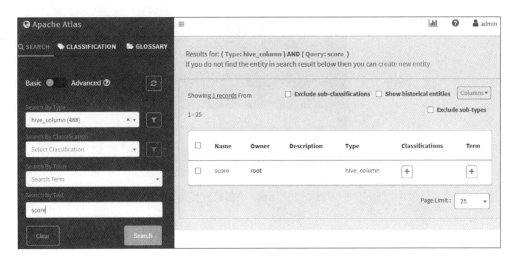

图 2-13　Atlas 中查询字段

图 2-14　Atlas 中字段详细信息

（三）自定义查询

1. 按分类进行查询

有些特定场景，我们需要对表或者字段进行分类打标签的操作，以方便查询。比如想要查询数仓中出所有 DWS 层的表，这时就可以采用打标签的方式进行查询。

选择 Atlas 的左侧菜单中的"CLASSIFICATION（分类）"，点击加号创建分类，如图 2-15 所示。

图 2-15　Atlas 中创建分类

填写分类信息，如我们将 DWS 层的表的类别设置为"dws"，如图 2-16 所示。

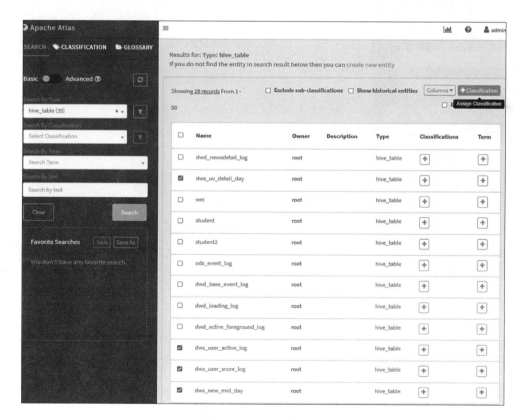

图 2-16 Atlas 中填写分类信息

回到 SEARCH 菜单下，不设置条件搜索所有的 Hive 表，将 Hive 中 DWS 层对应的表勾选，点击右上方的 "CLASSIFICATION"，如图 2-17 所示。

图 2-17 Atlas 中标记表

窗口中，选择分类"dws"，然后点击"Add（添加）"，如图2-18所示。

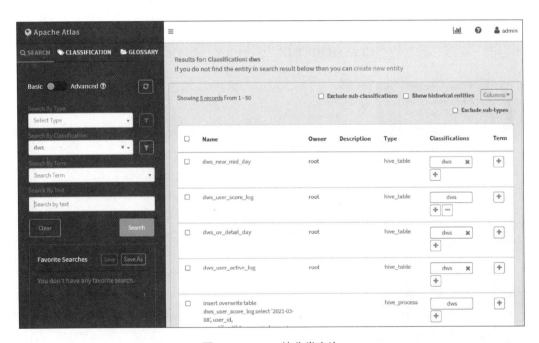

图 2-18　Atlas 中选择分类

当再查询表时，便可以按分类进行查询，在"Search By Classification（以分类搜索）"中，选择"dws"，然后点击"Search"。结果如图2-19所示。

图 2-19　Atlas 按分类查询

2. 按术语进行查询

某些情况下我们对 Hive 中的表名或者字段名的含义还不太熟悉，只知晓要查询的某些业务性的术语或关键词，比如"每日用户使用活跃得分"，此时我们就可以通过构建术语的方式来进行查询。

选择 Atlas 的左侧菜单中的 "GLOSSARY（术语词汇表）"，点击加号创建术语词汇表，如图 2-20 所示。

图 2-20 Atlas 创建术语词汇表

填写分类的名称及描述信息，如图 2-21 所示。

图 2-21 Atlas 术语词汇表基本信息

在对应分类下添加术语，点击 "Create Term（创建术语）"，如图 2-22 所示。

填写术语名称及基本信息，如图 2-23 所示。

用术语标记字段：在对应的 Hive 字段下点击 "Term（术语）" 下的加号，如图 2-24 所示。

选择要标记的术语点击 "Assign（指定）"，如图 2-25 所示。

按术语查询：在 "Search By Term" 中，选择 "每日用户使用活跃得分"，然后点击 "Search"。结

图 2-22 Atlas 创建术语

果如图 2-26 所示。

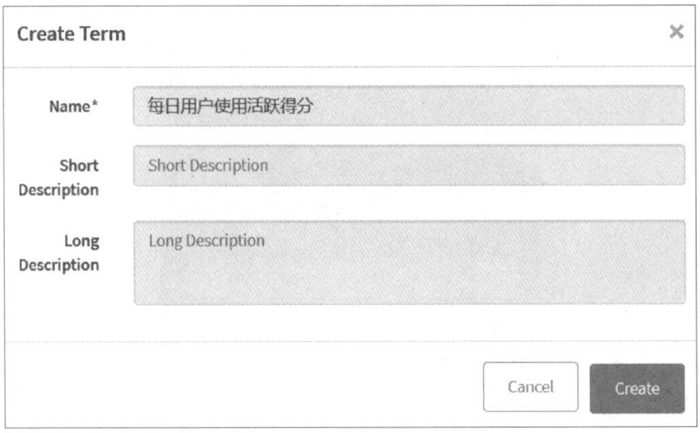

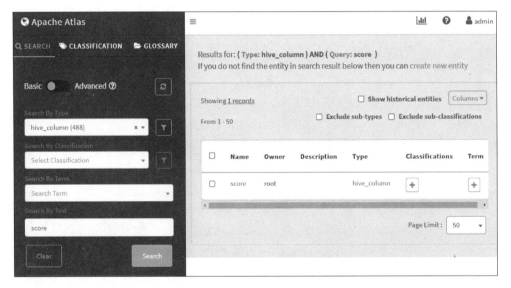

图 2-23　Atlas 填写术语基本信息

图 2-24　Atlas 使用术语进行标记

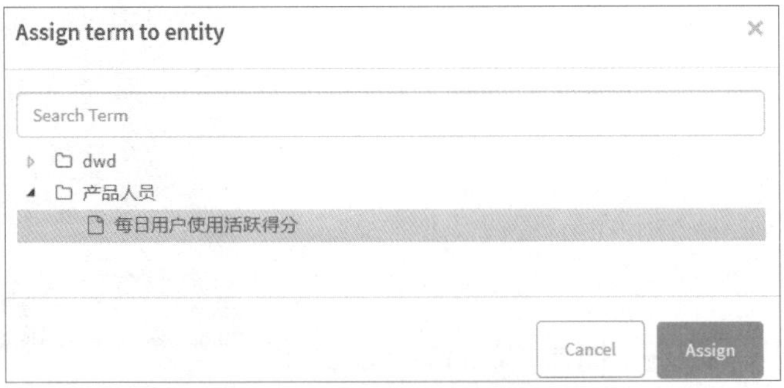

图 2-25　Atlas 选择需要标记的术语

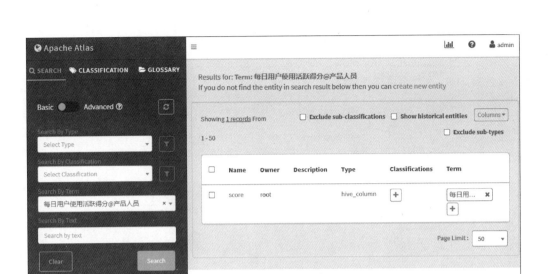

图 2-26　Atlas 中使用术语进行查询

二、使用 Atlas 查看审计信息

（一）查看 Hive 表的审计信息

在 hive_table 中选择一张表，并点击"Audits（审计）"，就可以查看各个用户对此表操作时间及操作类型，此类审计信息属于操作元数据，如图 2-27 所示。

图 2-27　Atlas 中 Hive 表审计信息

点击"Detail（详情）"还可以查看详细信息如图 2-28 所示。

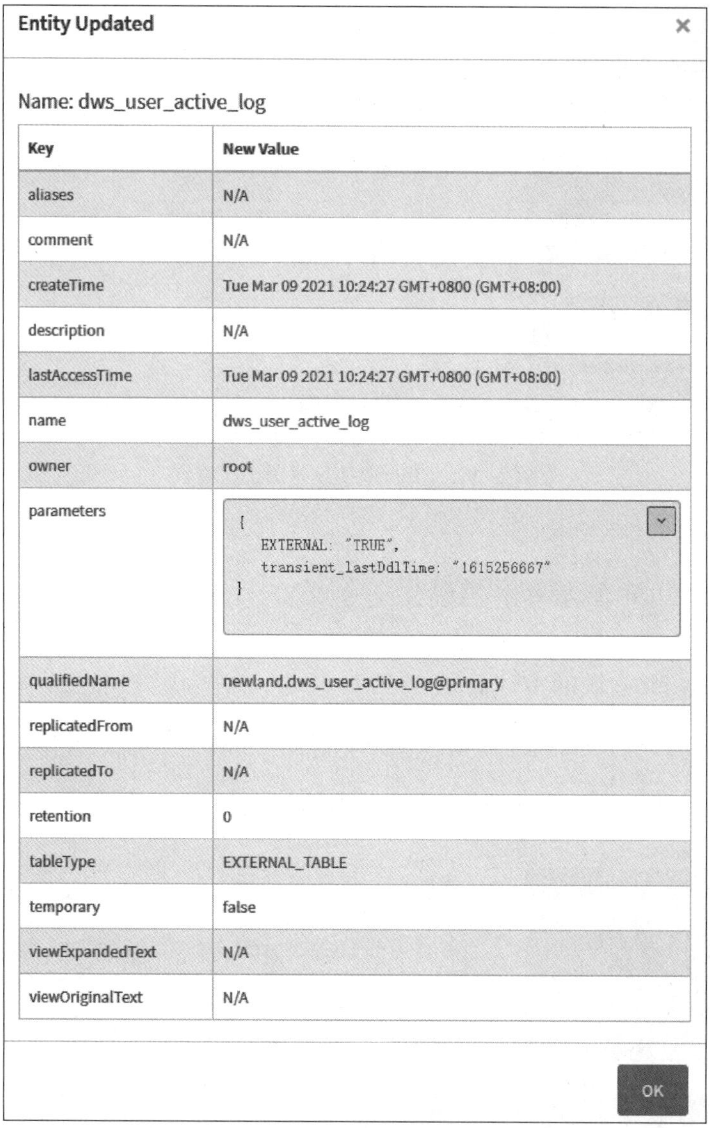

Entity Updated ✕

Name: dws_user_active_log

Key	New Value
aliases	N/A
comment	N/A
createTime	Tue Mar 09 2021 10:24:27 GMT+0800 (GMT+08:00)
description	N/A
lastAccessTime	Tue Mar 09 2021 10:24:27 GMT+0800 (GMT+08:00)
name	dws_user_active_log
owner	root
parameters	{ EXTERNAL: "TRUE", transient_lastDdlTime: "1615256667" }
qualifiedName	newland.dws_user_active_log@primary
replicatedFrom	N/A
replicatedTo	N/A
retention	0
tableType	EXTERNAL_TABLE
temporary	false
viewExpandedText	N/A
viewOriginalText	N/A

OK

图 2-28　Atlas 中 Hive 表详细审计信息

（二）查看 Hive 字段的审计信息

在 hive_column 中选择一张表，并点击"Audits"，就可以查看各个用户对此表操作时间及操作类型等审计信息，如图 2-29 所示。

点击"Detail"还可以查看详细信息，如图 2-30 所示。

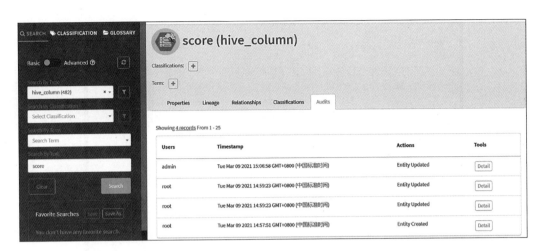

图 2-29 Atlas 中 Hive 字段审计信息

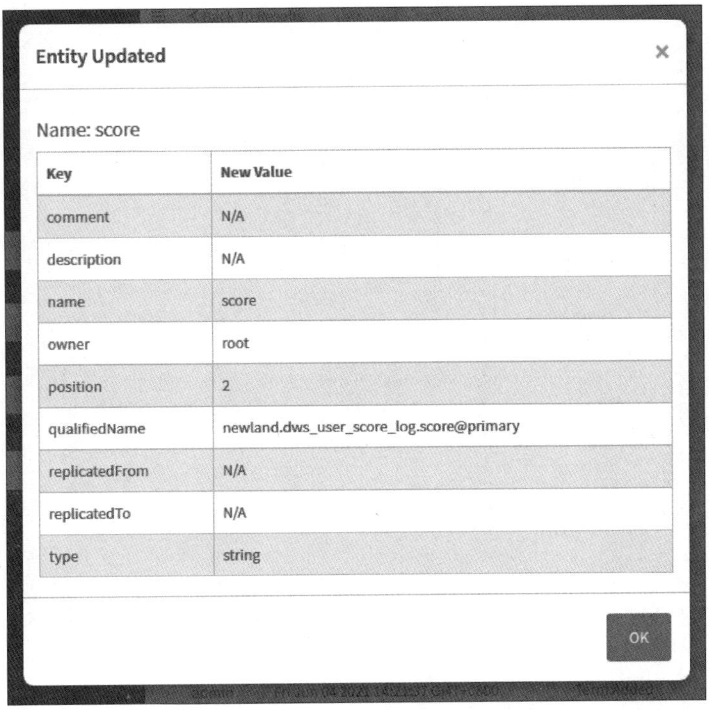

图 2-30 Atlas 中 Hive 字段的详细审计信息

三、使用 Atlas 分析元数据

在 Atlas 中,可以通过点击右上方的分析按钮(Statistics),查看当前元数据中的统计汇总信息。点击后界面如图 2-31 所示。

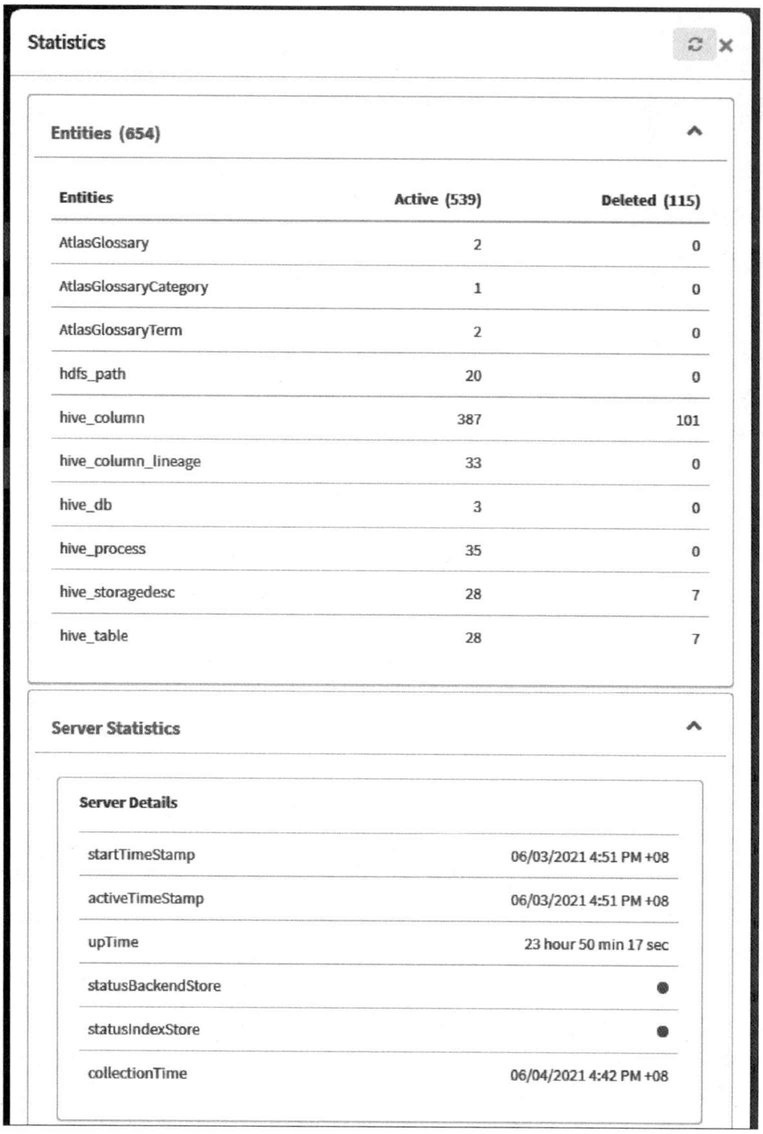

图 2-31　Atlas 中的统计分析

　　统计分析界面包含两大块主要内容，分别为实体（entities）和服务统计信息（server statistics）。实体信息中主要包含当前各个表中的活动实体和删除实体的统计信息，而服务统计信息分为服务详细信息和通知详细信息，包含了服务的更新时间、开始时间、上个消息发出时间等信息。

　　可以通过统计分析界面，快速了解到当前元数据系统中的全局信息和更新情况的记录。

第五节　元数据的数据血缘

一、认识数据血缘

探寻数据血缘这个概念时，可以从两个不同的层面来理解。

从人类社会角度出发，在人类社会中，血缘关系是指由婚姻或生育而产生的人际关系。如父母与子女的关系，兄弟姐妹关系，以及由此而派生的其他亲属关系。血缘关系是人类先天的、与生俱来的关系，在人类社会产生之初就已存在，是最早形成的一种社会关系。

从数据角度出发，大数据时代数据爆发性增长，海量、各种类型、各种形态的数据正在快速生成。当这些庞大的数据通过"联姻融合""转换变换""流转流通"，将又会生成新的数据。

当数据经历一系列"人为操作"，在这种类繁多并且庞大的数据之间自然而然将会形成一种关系。如果我们拿出人类社会中的一种比较类似的关系用来表达这些数据之间的关系，我们就将这种关系称之为数据的"血缘关系"。

数据中所谓的"血缘关系"与人类社会中的血缘关系肯定是不同的，数据的"血缘关系"中包含了一些数据独有的特征。

• 归属性：一般来说，特定的数据归属特定的组织或者个人。

• 多源性：同一个数据可以有多个来源（或者说一个表中字段的计算，需要从多个表中抽取数据）。一个数据可以是多个数据经过加工而生成的，而且这种加工过程可以是多个。

• 可追溯性：数据的血缘关系可以体现数据的生存周期，可以很直观地看到数据从"出生"到"死亡"的整个过程。

• 层次性：当我们对数据进行一系列的分类、归纳、总结等操作，再根据对数据的描述信息从而又形成了新的数据，我们对于不同程度的描述信息让数据具备了属于自己的层次关系。

存储在数据库中的结构化数据"血缘关系"的层次结构如图 2-32 所示。

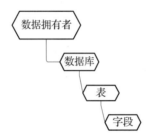

图 2-32　数据库数据的血缘关系

对于不同类型的数据，"血缘关系"的层次结构有细微的差别。因为数据拥有归属性，所以数据都有所有者。但是数据在不同的所有者之间辗转并融合，形成在数据所有者之间通过相同的数据联系起来的一种关系，也是数据血缘关系的一种层次结构。这种关系清楚地表明了数据的提供者和需求者。

数据库、表和字段是数据的存储结构。文件服务器、文件目录和文件是属于文件系统的存储结构。

此血缘关系的层次结构如图 2-33 所示，不同层级数据的血缘关系，体现着不同的含义。

图 2-33　数据血缘关系层次结构

二、数据血缘的形成

随着数据仓库接入的表和建立模型的增多，元数据管理就变得越来越重要。元数据表血缘关系俗称"表与表之间的关系"。当用到多张表中的数据时，通过 MapReduce、Spark 或者 Hive 处理数据过程中将产生许多中间表，这些中间表的关系就是数据血缘。良好的元数据管理，可以清晰和明确地看出每张表和模型之前的关系。

在没有工具之前，只能依靠手工维护，一旦脚本发生变化，手工维护遗漏或不及时的话，就会造成关系不准确。通过工具，当表数量大幅增长的时候，通过分析表与表"血缘关系"，就能清楚知道表之间的关系，及时定位和溯源问题。

（一）在 Hive 中进行血缘追溯

（1）在 Atlas 创建以前的表是没有办法导入血缘关系内容的，故用一张简单的表作演示。

（2）创建一张简单的表，导入少量数据。

hive> desc student;	
OK	
id	string
name	string

（3）由 student 表创建出 student1 表。

在这张表的血缘关系中看到这张表是怎么来的"自己→爸爸妈妈→爷爷奶奶→…"，继承过程如图 2-34 所示。

```
hive> create table student1 as select * from student;
```

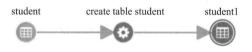

图 2-34　数据血缘继承过程

（4）再根据 student1 创建一个 student2，如图 2-35 所示。

```
hive> create table student2 as select * from student1;
```

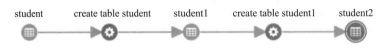

图 2-35　数据血缘再次继承过程

在工具中往往以图的形式展示数据血缘关系。血缘追溯功能是数据溯源的主要展示手段，主要通过数据流图的形式，展示出数据从哪里来，往哪里去。如果数据出现了问题，就可以通过追溯数据来源以找到数据出现问题的原因，即在哪个环节出现了问题。

（二）数据血缘图的主要元素

1. 数据节点

数据节点用于表现数据的所有者和数据层次信息或终端信息，有三种类型：主节点，数据流出节点，数据流入节点。

主节点只有一个，位于整个图形的中间，是可视化图形的核心节点。图形展示的血缘关系就是此节点的血缘关系，其他与此节点无关的血缘关系都不在图形上展示，以保证图形的简单、清晰。

数据流入节点可以有多个，是主节点的父节点，表示数据的来源。

数据流出节点也可以有多个，是主节点的子节点，表示数据的去向。

有一种特殊的节点，即终端节点。终端节点是一种特殊的数据流出节点，表示数据不再往下进行流转，这种数据一般用来作可视化展示。

2. 流转线路

流转线路表现的是数据的流转路径，从左到右流转。数据流转线路从数据流入节点出来往主节点汇聚，又从主节点流出往数据流出节点扩散。

数据流转线路表现了三个维度的信息，分别是方向、数据更新量级、数据更新频次。

方向的表现方式，没有做特别的设计，默认从上到下流转。

数据更新量级通过线条的粗细来表现。线条越粗表示数据量级越大，线条越细则表示数据量级越小。

数据更新的频次用线条中线段的长度来表现。线段越短表示更新频次越高，线段越长表示更新频次越低，一根实线则表示只流转一次。

三、查看数据血缘

（一）使用 Atlas 查看 Hive 表的数据血缘

在 Atlas 的 Web 界面设置"Search By Type"为"hive_table"，搜索数据仓库中的所有表，结果如图 2-36 所示。

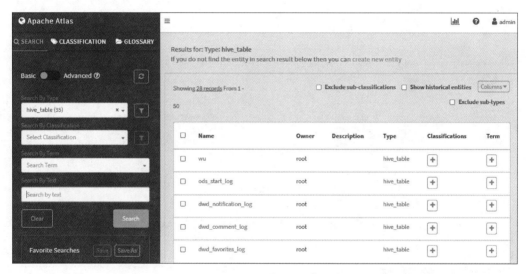

图 2-36　Atlas 中 Hive 表查询

点开任意表中的"Lineage（血缘）"菜单可查看数据血缘相关信息，以 ads_user_score_log 为例，如图 2-37 所示。可以看出图的下半部分是 DWS 层、ADS 层建表的信息，图的上部分主要体现的是 DWS 层的数据是如何从 DWD 层各个表中抽取并计算的。此类数据血缘信息属于业务元数据。

（二）使用 Atlas 查看 Hive 字段的数据血缘

每日用户使用活跃主题的核心字段为 ads_user_score_log 表中的 score 字段，可以在左侧工具栏以类型为 hive_column，字段名为 score 进行搜索。查询结果如图 2-38 所示。

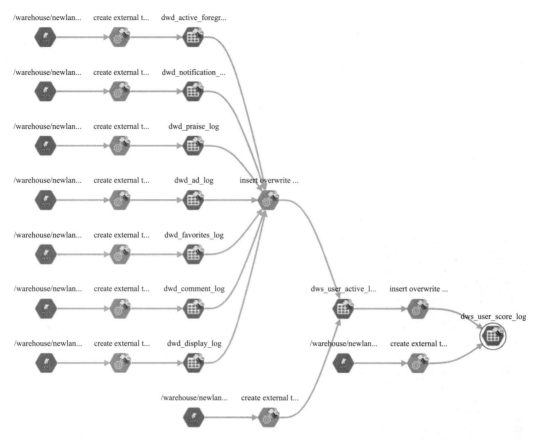

图 2-37　ads_user_score_log 血缘依赖

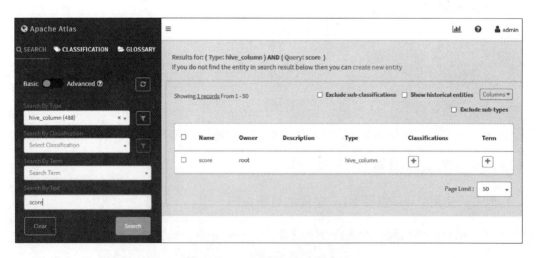

图 2-38　Atlas 中 Hive 字段查询

score 字段血缘依赖图如图 2-39 所示，可以清晰地看出 score 字段来源于哪些表的哪些字段。

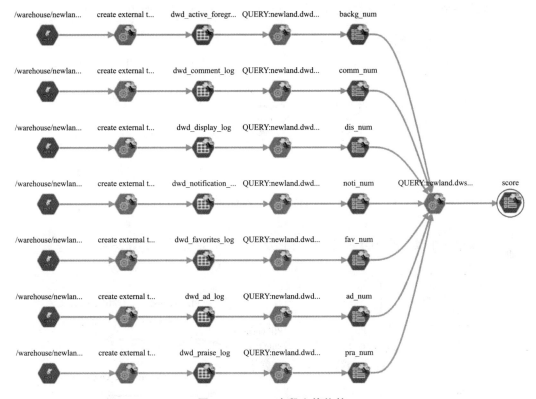

图 2-39 score 字段血缘依赖

（三）数据血缘中的分类传播

在对表添加分类的时候会有"Propagate（分类传播）"选项，如图 2-40 所示。

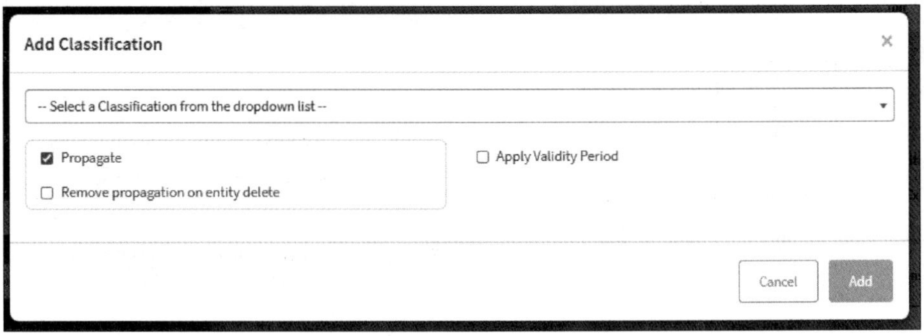

Add Classification ×

-- Select a Classification from the dropdown list -- ▾

☑ Propagate   ☐ Apply Validity Period
☐ Remove propagation on entity delete

Cancel   Add

图 2-40 添加分类

分类传播使数据所关联的分类能延续血缘关系，使这个数据的后代也能得到其父类数据的分类标签。

为第一个数据打分类标签后其子类也得到了该分类标签，如图2-41所示。

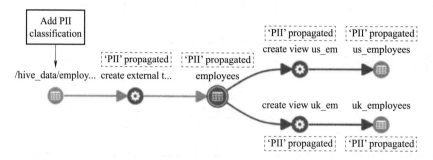

图2-41　分类传播作用图

更改第一个数据的分类标签，子类的分类标签也会变更，如图2-42所示。

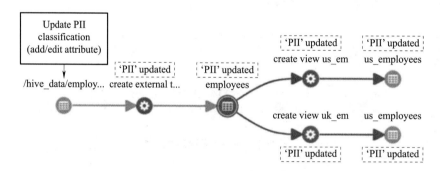

图2-42　分类传播中修改分类

删除第一个数据的分类标签，其子类对应的分类标签也会被删除，如图2-43所示。

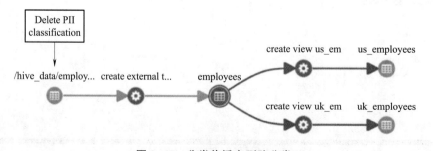

图2-43　分类传播中删除分类

可见，数据分类标签能沿着血缘关系传播到其子类，有三种情况。

情况一：删除其父类实体时，子类所得到的父类的标签会被删除，如图 2-44 所示。

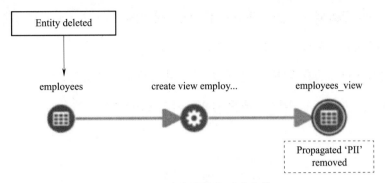

图 2-44 分类传播中删除实体

情况二：当子类到父类之间的血缘关系被破坏时，子类也会失去父类的分类标签，如图 2-45 所示。

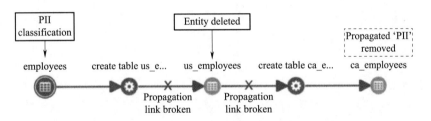

图 2-45 血缘关系破坏导致失去父类标签

情况三：即使子类到父类之间的一条血缘链被破坏，只要还有另一条血缘链存在且能使子类连接到父类，那么子类还能保存其父类的分类标签，如图 2-46 所示。

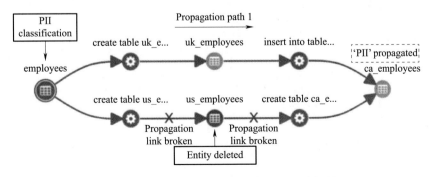

图 2-46 血缘关系部分破坏能够保留父类标签

思考题

1. 请列举出五种以上元数据的来源，并对其中一种进行介绍。

2. 请列举出元数据的分类，并对列举的五种元数据来源进行元数据分类。

3. 请简述元数据管理活动流程。

4. 元数据注册方法有哪些模式？简述其中的两种模式及解决方案。

5. 了解你公司的产品术语，并使用 Atlas 将 Hive 中相关的数据打上术语标签并查询。

第三章
数据质量管理

数据质量是指在业务环境下，数据符合数据消费者使用目的，能满足业务场景具体需求的程度。数据质量既适用于衡量数据的相关特征本身，也适用于衡量改进数据质量的全过程。这一双重含义可能会令人困惑，因此将它们区分开有助于理解什么是高质量的数据。

数据质量如能达到数据消费者的期望和需求，或者数据如果能满足数据消费者应用需求的目的，就是高质量的；反之，如果不能满足数据消费者应用需求的目的，就是低质量的。因此，数据质量取决于使用数据的场景和数据消费者的需求。数据质量的高低，反映着数据满足消费者的能力。在公司里也经常遇到数据不一致、数据不合规、数据不完整等数据质量问题。

数据质量管理的挑战之一，是与质量相关的期望并不总是已知的。通常，客户可能不清楚自身的质量期望，大数据管理人员也不会询问这些需求。如果数据是可靠和可信的，大数据管理专业人员需要更好地了解客户的质量要求，以及如何衡量数据质量。随着业务变化和经济的发展，需求会随着时间的推移而变化，因此数据质量需要进行持续的改进。

本章学习 PDCA（Plan—计划、Do—执行、Check—检查、Act—处理）方法对公司中的数据质量进行管理，设计数据质量指标，使用 Griffin 工具对 Hive 中的数据进行计算，并创建定时作业。

- **职业功能：** 提炼数据质量验证规则、执行质量检核等大数据管理工作。

- **工作内容：** 使用 PDCA 方法对公司中的数据质量进行管理，包括明确质量需求、提炼数据质量验证规则、构建规则库、执行检核、问题分类及后续处理等操作。设计数据质量指标，使用 Griffin 工具对 Hive 中的数据进行计算，并创建定时作业。

- **专业能力要求：** 能够明确企业当下需要进行大数据管理的原因，熟悉数据质量管理的寿命周期（熟悉 PDCA 方法），熟悉数据质量管理规则的类型并结合企业数据提炼数据质量验证规则，构建规则库，能够使用 Griffin 构建计算规则，并创建任务执行。

- **相关知识要求：** 数据质量管理的原因、原则和目标。数据质量改进生存周期的处理、数据质量验证规则的处理。操作 Griffin 创建多种方案，构建作业并执行。

第一节 数据质量概述

一、数据质量管理的原因

（一）数据不一致

企业早期没有进行统一规划设计，大部分信息系统是逐步迭代建设的，系统建设时间长短各异，各系统数据标准也不同。企业业务系统更关注业务层面，各个业务系统均有不同的侧重点，各类数据的属性信息设置和要求不统一。另外，由于各系统的相互独立使用，无法及时同步更新相关信息等各种原因，造成各系统间的数据不一致，严重影响了各系统间的数据交互和统一识别，导致基础数据难以共享利用，数据的深层价值也难以体现。

（二）数据不完整

由于企业信息系统的独立使用，各个业务系统或模块按照各自的需要录入数据，没有统一的录入工具、属性规格和数据出口，造成同样的数据在不同的系统有不同的属性信息，导致数据完整性无法得到保障。

（三）数据不合规

企业没有统一的大数据管理平台和数据源头，数据全生存周期管理不完整，同时，企业各信息系统的数据录入环节过于简单且手工参与较多。就数据本身而言，缺少对重复性、合法性、准确性的校验环节，导致各个信息系统的数据不够准确，格式混乱，各类数据难以集成和统一。没有质量控制使得海量数据因质量过低而难以被利用，没有相应的大数据管理流程。

（四）数据不可控

海量数据多头管理，缺少专门对大数据管理进行监督和控制的组织。企业各单位和部门关注数据的角度不一样，缺少一个组织从全局的视角对数据进行管理，导致无法建立统一的大数据管理标准、流程等，相应的数据管理制度和办法无法得到落实。同时，企业基础数据质量考核体系也未建立，无法保障一系列数据标准、规范、制度、流程得到长效执行。

（五）数据冗余

各个信息系统针对数据的标准规范不一、编码规则不一、校验标准不一，且部分业务系统针对数据的验证标准严重缺失，造成了企业顶层视角的数据出现"一物多码"和"一码多物"等现象。

二、数据质量管理的目标和原则

（一）数据质量管理的目标

数据质量管理专注于以下目标：

- 根据数据消费者的需求，开发一种质量管理的方法，使数据符合要求。
- 定义数据质量控制的标准和规范，并作为整个数据生存周期的一部分。
- 定义数据质量水平和实施测量、监控和报告数据质量水平的过程。

根据数据消费者要求，通过改变流程和系统以及参与可显著改善数据质量的活动，识别并倡导把握住提高数据质量的机会。

（二）数据质量管理的原则

1. 重要性

数据质量管理应关注对企业及其客户最重要的数据，改进的优先顺序应根据数据的重要性以及数据不正确时的风险水平来判定。

2. 全生存周期管理

数据质量管理应覆盖从创建或采购直至处置的数据全生存周期，包括其在系统内部和系统之间流转时的数据管理（数据链中的每个环节都应确保数据具有高质量的输出）。

3. 预防

数据质量方案的重点应放在预防数据错误或数据可用性下降等情形上，不应放在简单的纠正记录上。

4. 根因修正

提高数据质量不只是纠正错误，因为数据质量问题通常与流程或系统设计有关，所以提高数据质量通常需要对流程和支持它们的系统进行更改，而不仅仅是从表象来理解和解决。

5. 治理

数据治理活动必须支持对高质量数据的开发，数据质量规划活动必须支持和维持受治理的数据环境。

6. 标准驱动

数据生存周期中的所有利益相关方都会有数据质量要求。在可能的情况下，对于可量化的数据质量需求应该以可测量的标准和期望的形式来定义。

7. 客观测量和透明度

数据质量水平需要得到客观、一致的测量。应该与利益相关方共同讨论与分享测量过程和测量方法。

8. 嵌入业务流程

业务流程所有者对通过其流程生成的数据质量负责，他们必须在其流程中实施数据质量标准。

9. 系统强制执行

系统所有者必须让系统强制执行数据质量要求。

10. 与服务水平关联

数据质量报告和问题管理应纳入服务水平测评指标。

三、数据质量问题的起因

数据质量问题在数据生存周期的任何节点都可能出现。在调查根本原因时，分析师应当寻找潜在的原因，如数据输入、数据处理、系统设计，以及自动化流程中的手动干预问题。许多问题都有多种原因和促成因素（尤其是那些人们已经针对其创造了解决方法的问题）。这些问题的原因也揭示了防止问题的方法：通过改进接口设计，将测试数据质量规则作为处理的一部分，关注系统设计中的数据质量，并严格控制自动化过程中的人工干预。导致数据质量出现问题的原因有以下五个方面。

（一）缺乏领导力导致的问题

许多人认为大多数的数据质量问题是由数据输入错误引起的。而人们对原因深入调查后发现，业务和技术流程中的差距或执行不当会导致比错误输入更多的问题。然而，常识和研究表明，许多数据质量问题是缺乏对高质量数据的组织承诺造成的，而缺乏组织承诺本身就是在治理和管理的形式上缺乏领导力。

每个组织都拥有对运营有价值的信息和数据资产。事实上，每个组织的运作效果依赖于它共享信息的能力。尽管如此，很少有组织能够严格管理这些资产。在大多数组织中，数据差异（数据结构、格式和使用值的差异）是一个比单纯的错误更为严重的问题，是数据集成的主要障碍。数据管理制度专注于定义术语和合并数据周边的语言，这是组织获得更一致数据的起点。

许多数据治理和信息资产项目仅由合规性驱动，而不是由作为数据资产衍生的潜在价值驱动。领导层缺乏认可意味着组织内部缺乏将数据作为资产并进行质量管理的承诺，如图3-1所示。

有效管理数据质量的障碍包括：

- 执行者与参与者缺乏意识。

- 缺乏治理能力。

- 缺乏领导力与管理能力。

- 难以证明改进的合理性。

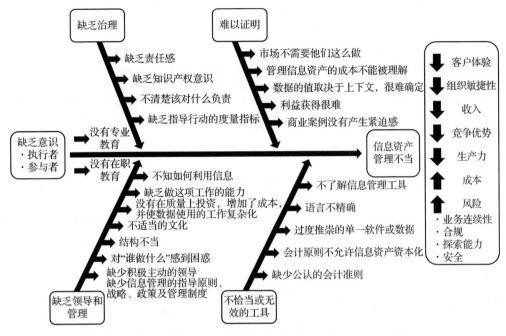

图 3-1 将数据作为业务资产进行管理的障碍和根本原因

- 使用工具不恰当或无效。

这些障碍导致了信息资产管理不当，给客户体验、生产力、士气、组织效率、收入和竞争优势带来负面影响，既增加了组织的运营成本，也引入了风险。

（二）数据输入过程引起的问题

1. 数据输入接口问题

设计不当的数据输入接口可能导致数据质量问题。如果数据输入接口没有防止不正确的数据被录入系统，则数据处理人可能会采取快捷方式处理数据，如跳过非强制字段和不更新有默认值的字段。

2. 列表条目放置

即使是数据输入界面的一个简单小功能，如下拉列表中的值顺序放置不当，也可能导致数据输入错误。

3. 字段重载

随着时间的推移，有些组织会出于不同的商业目的设置重复字段，而不是更改数据模型和用户界面。这种做法会导致字段内数据不一致和混乱。

4. 培训问题

即使控制和编辑到位，缺乏过程知识也会导致错误的数据输入。如果数据处理人不了解错误数据的影响，或者鼓励数据处理人提高录入效率而忽视录入准确性，则他们可能会根据数据质量以外的驱动因素做出选择。

5. 业务流程的变更

业务流程随着时间的推移而变化，在变化过程中引入了新的业务规则和数据质量要求。但是，这些业务规则更改并不总能被及时或全面地纳入系统。如果接口未升级以适应新的或更改的需求，将导致数据错误。此外，除非在整个系统中同步更改业务规则，否则数据很可能会受到影响。

6. 业务流程执行混乱

通过混乱的流程创建的数据很可能不一致。混乱的流程可能是由培训或文档编制问题以及需求的变化导致的。

（三）数据处理功能引起的问题

1. 有关数据源的错误假设

问题可能是由多种原因导致，如报错、数据意外变更、知识转移不充分、系统文档不完整或过时。通常，基于对系统之间关系的有限知识来完成系统整合活动，如与并购相关的活动。当需要集成多个源系统并进行数据反馈时，特别是在不同层次的源系统集成情况下，由于其所需知识庞大、集成时间安排通常较为紧张，总有可能遗漏细节。

2. 过时的业务规则

随着时间的推移，业务规则会发生变化，应定期对业务规则进行审查和更新。如果有自动测量规则，测量规则的技术也应更新。如果没有更新，可能无法识别问题或产生误报。

3. 变更的数据结构

源系统可以在不通知下游消费者（包括人和系统）或没有足够时间让下游消费者

响应变更的情况下变更结构。这可能会导致无效的值或阻止数据传送和加载，或者导致下游系统无法立即检测到的更细微的改变。

（四）系统设计引起的问题

1. 未能执行参照完整性（即要求关系中不允许引用不存在的实体）

参照完整性对于确保应用程序或系统级别的高质量数据是必要的。如果没有强制执行参照完整性，或者关闭了验证（如为了提高响应时间），则有可能出现以下各种数据质量问题。

（1）产生破坏唯一性约束的重复数据。

（2）既可以包含又可以排除在某些报表中的孤立数据（父数据已被清除或缺失的数据），导致同样的计算生成多个值。

（3）由于已还原或更改参照完整性要求而无法升级。

（4）由于丢失的数据被分配为默认值而导致数据准确性降低。

2. 未执行唯一性约束

表或文件中的多个数据实例副本希望包含唯一实例。如果对实例的唯一性检查不足，或者为了提高性能而关闭了数据库中的唯一约束，则可能高估数据聚合的结果。

3. 编码不准确和分歧

如果数据映射或格式不正确，或处理数据的规则不准确，处理过的数据就会出现质量问题，如计算错误、数据被链接或分配到不匹配的字段、键或者关系等。

4. 数据模型不准确

如果数据模型内的假设没有实际数据的支持，则会出现数据质量问题，包括实际数据超出字段长度导致数据丢失、分配不正确 ID（身份标识号码）或键值等。

5. 字段重载

随着时间的推移，为了其他目的重用字段，而不是更改数据模型或代码，可能会导致混淆的值集、不明确的含义，以及潜在的结构问题，如分配错误的键值。

6. 时间数据不匹配

在没有统一数据字典的情况下，多个系统可能会采用不同的日期格式或时间，当不同源系统之间的数据同步时，反过来会导致数据不匹配和数据丢失。

7. 主数据管理薄弱

不成熟的主数据管理可能会为数据选择了不可靠的数据源，导致数据质量问题，在数据来源准确的假设被推翻之前很难找到这些问题。

8. 数据复制

不必要的数据复制通常是大数据管理不善造成的。有害的数据复制问题主要有两种。

（1）单源—多个本地实例。例如，同一个客户的信息保存在同一数据库中多个类似或内容相同而名字不同的表中。如果没有系统的、特定的知识，很难知道哪一个实例最适合使用。

（2）多源—单一本地实例。多源实例是具有多个权威来源或记录系统的数据实例。例如，来自多个销售点系统的单个客户实例。处理此类数据时，可能会产生重复的临时存储区域，当把其处理为永久性的生产数据区时，需要合并规则决定哪个"源"具有更高的优先级。

（五）解决问题引起的问题

手动数据修复是直接对数据库中的数据进行更改，而不是通过应用接口或业务处理规则进行更改。这些脚本或手动命令通常是仓促编写的，用于在紧急情况下"修复"数据，如果蓄意注入坏数据，将会导致安全疏忽、内部欺诈或外部数据源引起的业务中断等情况。

与其他未经测试的代码一样，如果修改需求之外的数据，或没有将补丁传送给受原始问题影响的所有历史数据的下游应用系统等，则极有可能导致更多的错误，并产生更高的风险。大多数这样的补丁也都是直接更改数据，而不是保留先前的状态并添加已更正的行。

由于只有数据库日志显示了更改过程，这些更改通常是不可撤销的，除非从备份中完全还原。因此，不鼓励使用这些捷径。它们可能会引起安全漏洞或者业务中断，最终花费的时间比采用恰当纠正措施需要的时间更长。所有的改变都应该通过一个受控的变更管理过程实现。

四、数据质量管理工具 Griffin

常见的工程情景下，数据表的容量将在几亿到几十亿条数据之间，并且报表数量在不断增加，在这种情况下，一个可配置、可视化、可监控的数据质量工具就显得尤为重要了。Griffin 正是可以解决上述数据质量问题的一种开源的数据质量监控工具。

Griffin 是属于模型驱动的方案，基于目标数据集合或者源数据集（基准数据），用户可以选择不同的数据质量维度来执行目标数据质量的验证。支持两种类型的数据源：batch（批量）数据和 streaming（流式）数据。对于 batch 数据，我们可以通过数据连接器从 Hadoop 平台收集数据。对于 streaming 数据，我们可以连接到诸如 Kafka 之类的消息系统来做近似实时数据分析。在拿到数据之后，模型引擎将在 Spark 集群中计算数据质量。Griffin 的特点如下。

• 度量：精确度、完整性、及时性、唯一性、有效性、一致性。

• 异常监测：利用预先设定的规则，检测出不符合预期的数据，提供不符合规则数据的下载。

• 异常告警：通过邮件或门户报告数据质量问题。

• 可视化监测：利用控制面板来展现数据质量的状态。

• 实时性：可以实时进行数据质量检测，能够及时发现问题。

• 可扩展性：可用于多个数据系统仓库的数据校验。

• 可伸缩性：工作在大数据量的环境中。

• 自助服务：Griffin 提供了一个简洁易用的用户界面，可以管理数据资产和数据质量规则，同时用户可以通过控制面板查看数据质量结果和自定义显示内容。

数据质量指标说明：

• 精确度——度量数据是否与指定的目标值匹配，例如，在校验金额时，度量校验成功的记录数与总记录数的比值。

• 完整性——度量数据是否缺失，包括记录数缺失、字段缺失，属性缺失。

- 及时性——度量数据达到指定目标的时效性。

- 唯一性——度量数据记录是否重复，属性是否重复；常见度量为 Hive 表主键值是否重复。

- 有效性——度量数据是否符合约定的类型、格式和数据范围等规则。

- 一致性——度量数据是否符合业务逻辑，它是针对记录之间逻辑的校验，如页面访问量（page view）一定是大于用户访问量（user view）的，订单金额加上各种优惠之后的价格一定是大于等于 0 的。

优势：

- 可配置、可自定义的数据质量验证。

- 基于 spark 的数据分析，可以快速计算数据校验结果。

- 历史数据质量趋势可视化。

（一）工作流程

常见 Griffin 工作流程如图 3-2 所示，分为 4 步。

- 注册数据，把想要检测数据质量的数据源注册到 Griffin。

- 配置度量模型，可以从数据质量维度来定义模型，如精确度、完整性、及时性、唯一性等。

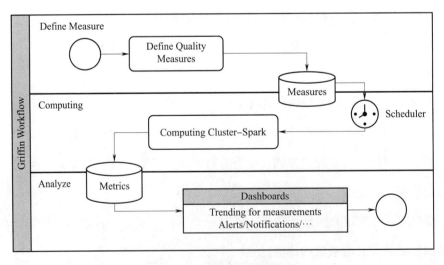

图 3-2　Griffin 工作流程图

- 配置定时任务提交 Spark 集群，定时检查数据。

- 在门户界面上查看指标，分析数据质量校验结果。

（二）系统架构

Griffin 系统主要分为：数据收集处理层（Data Collection & Processing Layer）、后端服务层（Backend Service Layer）和用户界面（User Interface），如图 3-3 所示。

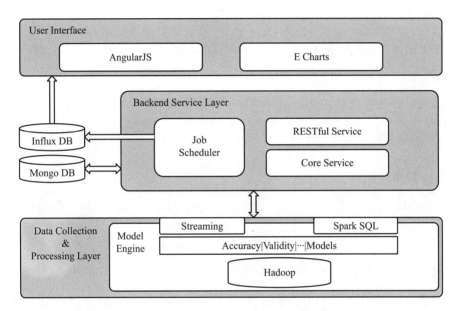

图 3-3　Griffin 系统主要分层结构图

（三）数据验证逻辑

从 Hive Metadata 中加载数据源，校验精确度（accuracy）。

- 选择 source 表（源表）及列。

- 选择 target 表（目标表）及列。

- 选择字段比较规则（大于、小于或者相等）。

通过一个公式计算出结果：

$$Accuracy = \frac{Count\ (source.field1 == target.field1 \&\& \cdots source.fieldN == target.fieldN)}{Count\ (source)}$$

最后在控制面板查看精确度趋势。

（四）数据统计分析

选择需要进行分析的数据源，配置字段等信息。

• 简单的数据统计：用来统计表的特定列中值为空、唯一或重复的数量。例如，统计字段值空值记录数超过指定点阈值，则可能存在数据丢失的情况。

• 汇总统计：用来统计最大值、最小值、平均数、中值等。例如，统计年龄列的最大值、最小值判断是否存在数据异常。

• 高级统计：用正则表达式来对数据的频率和模式进行分析，例如，邮箱字段的格式验证，指定规则的数据验证。

数据分析机制主要是基于 Spark 的 MLlib 提供的列汇总统计功能，它对所有列的类型统计只计算一次。

（五）异常检测

异常检测的目标是从看似正常的数据中发现异常情况，是一个检测数据质量问题的重要工具。通过使用布林线指标和 MAD（平均绝对差值）算法来实现异常检测功能，可以发现数据集中那些远远不符合预期的数据。

以 MAD 作为例子，一个数据集的 MAD 值反映的是每个数据点与均值之间的距离。可以通过以下步骤来得到 MAD 值。

• 算出平均值。

• 算出每一个数据点与均值的差。

• 对差值取绝对值。

• 算出这些差值取绝对值之后的平均值。

公式如下：

$$MAD = \frac{1}{n} \sum_{i=1}^{n} |x_i - \bar{x}|$$

通过异常检测可以发现数据值的波动大小是否符合预期，数据的预期值则是在对历史趋势的分析中得来的，用户可以根据检测到的异常来调整算法中必要的参数，让异常检测更贴近需求。

第二节 数据质量管理流程

一、数据质量改进生存周期

大多数改进数据质量的方法都是基于物理产品制造过程中的质量改进技术。数据被理解为一系列过程的产物。简单地说，过程被定义为一系列将输入转化为输出的步骤。创建数据的过程可能由一个步骤（数据收集）或多个步骤（数据收集、集成到数据仓库、数据集市聚合等）组成。在任何步骤中，数据都可能受到负面的影响，它可能被错误地收集、在系统之间丢弃或重复收集、对齐或汇总不正确等。提高数据质量需要能够评估输入和输出之间的关系，以确保输入满足过程的要求，输出符合预期。由于一个流程的输出将成为其他流程的输入，所以必须沿着整个数据链定义需求。

数据质量改进的常用方法如图 3-4 所示，它是戴明环的一个版本。戴明环是一个基于科学的方法，即被称为"计划—执行—检查—处理"的问题解决模型（PDCA 模型）。改进是通过一组确定的步骤来实现的。必须根据标准测量数据状况，如果数据状况不符合标准，则必须确定并纠正与标准不符的根本原因。无论是技术性的，还是非技术性的，根本原因可能都会在处理过程的某一步骤中找到。一旦纠正，应监控数据以确保其持续满足要求。

对于给定的数据集，数据质量管理周期首先确定不符合数据消费者要求的数据，以及阻碍其实现业务目标的数据问题。数据需要根据质量的关键指标和已知的业务需求进行评估。需要确定问题的根本原因，以便利益相关方能够了解补救的成本和不补

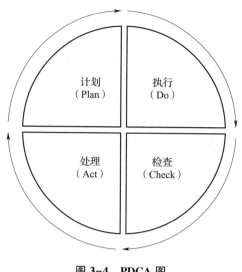

图 3-4　PDCA 图

救问题的风险。这项工作通常由数据管理专员和其他利益相关方共同完成。

（1）计划（Plan）阶段。数据质量团队评估已知问题的范围、影响和优先级，并评估解决这些问题的备选方案。这一阶段应该建立在分析问题根源的坚实基础上，从问题产生的原因和影响的角度了解成本/效益，确定优先顺序，并制订基本计划以解决这些问题。

（2）执行（Do）阶段。数据质量团队负责努力解决引起问题的根本原因，并做出持续监控数据的计划。对于非技术流程类的根本原因，数据质量团队可以与流程所有者一起实施更改。对于属于技术变更类的根本原因，数据质量团队应与技术团队合作，以确保需求得到正确实施，并且技术变更不会引发错误。

（3）检查（Check）阶段。这一阶段包括积极监控按要求测量的数据质量。只要数据满足定义的质量阈值，就不需要采取其他行动，这个过程将处于控制之中并能满足商业需求。如果数据低于可接受的质量阈值，则必须采取额外措施使其达到可接受的水平。

（4）处理（Act）阶段。这一阶段是指处理和解决新出现的数据质量问题的活动。随着问题原因的评估和解决方案的提出，循环将重新开始。通过启动一个新的周期来实现持续改进。新周期开始于：

• 现有测量值低于阈值。

- 新数据集正在调查中。

- 对现有数据集提出新的数据质量要求。

- 业务的规则、标准或期望的变更。

第一次正确获取数据的成本，远比获取错误数据并修复数据的成本要低。从一开始就将质量引入大数据管理过程的成本，低于对其进行改造的成本。在整个数据生存周期中维护高质量数据，比在现有流程中尝试提高质量风险更小，且对组织的影响也要小得多。在建立流程或系统时就确立数据质量标准是成熟的数据管理组织的标志之一。要做到这一点，需要良好的治理和行为准则以及跨职能的协作。

以数据质量检核管理的 PDCA 方法论，基于某大数据平台，对数据质量需求和问题进行全质量生存周期的管理，数据质量监控平台建设方法流程如图 3-5 所示。

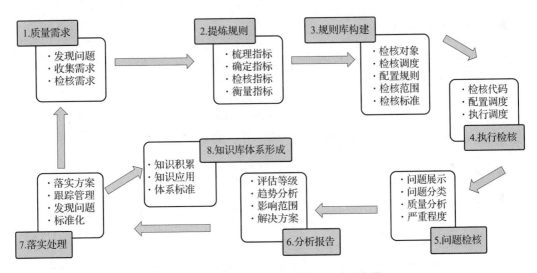

图 3-5 数据质量监控平台建设方法流程图

质量监管平台建设，主要包含 8 大流程步骤。

（1）质量需求：发现数据问题，总结归纳数据存在的问题情况，收集数据质量水平的需求并确定检核规则的需求等。

（2）提炼规则：梳理规则指标，确定有效指标、检核指标和衡量标准等。

（3）规则库构建：设计检核对象及检核程序调度规则并进行配置，确认检核的范围及标准。

（4）执行检核：根据规则库编写检核代码，配置检核代码的调度方法并启动调度工具执行代码。

（5）问题检核：对检核程序执行后记录下来的问题进行分类与展示，并对被检核的数据质量进行分析和对数据质量严重等级分类。

（6）分析报告：评估数据质量的问题等级，并对数据质量变化趋势进行分析，确认质量较差的数据影响范围，并对比提出解决方案。

（7）落实处理：落实执行既定方案，跟踪管理解决方案执行过程中的问题并及时召开复盘（review）会议，对高频问题确立标准化解决方法。

（8）知识库体系形成：积累解决问题过程中的知识经验，构建知识库体系，并将其应用在其他的数据中。

二、运行 Griffin

（一）启动前置任务

启动 Griffin 前要先在机群上启动 Zookeeper、Hadoop、ElasticSearch、Hive（后台启动 metastore 和 hiveserver2）、Livy。

（二）启动 Griffin

进入到%GRIFFIN_HOME%/service/target/路径，运行 service-0.6.0-SNAPSHOT.jar。
控制台启动：控制台打印信息。

```
[newland@ master target] $ java -jar /home/newland/soft/griffin/service-0.6.0-SNAP-SHOT.jar
```

后台启动：启动后台并把日志归写入 service.out。

```
[newland@ master ~] $ nohup java -jar service-0.6.0-SNAPSHOT.jar>service.out 2>&1 &
```

（三）浏览器访问 Griffin

在浏览器输入网址 http://master:8080，默认账户和密码都为空，如图 3-6 所示。

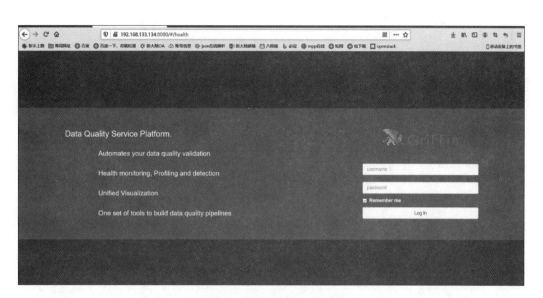

图 3-6　Griffin 启动页面

　　登录 Griffin 操作页面如图 3-7 所示，最上方功能栏分别是"Health"显示数据检测任务的健康状态，"Measures"对应数据质量的计算或检测的方式，"Jobs"对应的是数据质量检测任务信息，"My Dashboard"为各作业随时间变化的状态展示图。右上角是用户相关操作，包括用户设置、用户文件、登入登出等。点击"DataAssets"会展示以 Hive 表为对象的数据信息（包括表名、拥有者、存储位置等信息），"DQ Metrics"显示内容与"My Dashboard"一致。

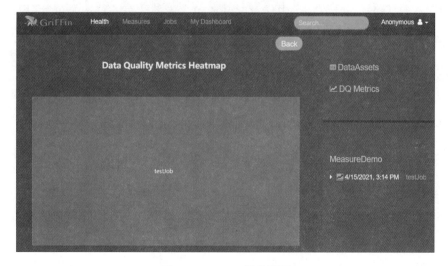

图 3-7　Griffin 操作页面

第三节　数据质量管理验证规则

一、数据质量业务规则类型

业务规则描述业务应该如何在内部运行，以便成功地与外界保持一致。数据质量业务规则描述了组织内有用数据和可用数据的存在形式。这些规则需要符合质量维度要求，并用于描述数据质量要求。

业务规则通常在软件中实现，或者使用文档模板输入数据。一些简单常见的业务规则类型如下。

（1）定义一致性：确认对数据定义的理解相同，并在整个组织过程中得到实现和正确使用；确认包括对计算字段内任意时间或包含局部约束的算法协议，以及汇总和状态相互依赖规则。

（2）数值存在和记录完备性：定义数值缺失的情况是否可接受的规则。

（3）格式符合性：按指定模式分配给数据元素的值，如设置电话号码格式的标准。

（4）值域匹配性：指定数据元素的赋值须包含在某数据值域的枚举值中。

（5）范围一致性：数据元素赋值必须在定义的数字、词典或时间范围内，如数字范围大于0、小于100。

（6）映射一致性：表示分配给数据元素的值，必须对应于映射到其他等效对应值域中的选择的值。

（7）一致性规则：指根据这些属性的实际值，在两个（或多个）属性之间关系的条件判定。例如，通过对应于特定省的邮政编码进行地址验证。

（8）准确性验证：将数据值与记录系统或其他验证来源（如从供应商处购买的营销数据）中的相应值进行比较，以验证值是否匹配。

（9）唯一性验证：指定哪些实体必须具有唯一表达，以及每个表达的真实世界对象有且仅有一个记录。

（10）及时性验证：表明与数据可访问性和可用性预期相关特征。

其他类型的规则可能涉及应用于数据实例集合的聚合函数。

使用聚合函数进行聚合检查的示例包括：

（1）验证文件中记录数量的合理性。这需要基于一段时间内的统计量，以得到趋势信息。

（2）验证从一组交易中计算出的平均金额的合理性。这需要建立比较阈值，并基于一段时间内的统计数据。

（3）验证指定时间段内交易数量的预期差异。这需要基于一段时间内的统计数据，并通过它们来建立阈值。

二、数据质量规则处理样例

（一）背景及数据介绍

1. 背景介绍

现要对某外卖平台中上海地区的某月外卖汇总数据的一部分进行数据质量检测，要求针对每月商品表中的数据，制定合理的数据校验规则，设置合理的预警值，并用 shell 脚本的方式实现对数据质量的指标的计算。

2. 数据介绍

数据来源于某网站。表的字段及解释如图 3-8 所示。

eleme_foods		
商品id	varchar(200)	<pk>
店铺名称	varchar(200)	
商品价格	decimal	
店铺分类名称	varchar(200)	
月销量	int	
评分	varchar(200)	
评论数量	varchar(200)	
满意数量	varchar(200)	
满意率	varchar(200)	
是否推荐	char(1)	
打包费	decimal	
配料	varchar(200)	
描述	varchar(200)	
店铺id	varchar(200)	
商店唯一键	varchar(200)	

图 3-8 餐饮数据字段

根据字段信息创建分区表，并导入 1 月和 2 月数据，导入的数据实例如下。

```
hive> select * from eleme_foods where year = "2021" and month = "01" limit 3;
```

200000339105701673　椰香芋圆西米露　38.0 热销　19　5.0　4　4　100.0

0　1.0　主要原料：鲜牛奶　大西米露+芋圆+黑糖珍珠+红豆+血糯米+燕麦+芋头

主要原料：鲜牛奶　E3366581193754621061　2b299dbd9998d1f754344664abe15c57

2021　01

200000340160604969　加点料（选择）　6.0　热销　14　0.0　0　0　0.0　0　0.0

主要原料：珍珠　喜欢多口味的话可以另点底料哦！　主要原料：珍珠

E3366581193754621061　2b299dbd9998d1f754344664abe15c57　　2021　01

200000340144109353　绿茶鲜奶茶（选择）　24.0 热销　10　4.0　1　1　100.0　0

1.0　主要原料：茉莉绿茶茉莉绿茶搭配各类底料，适合喜欢清香微甜的童鞋，

冰镇更好喝哦! 主要原料：茉莉绿茶

E33665811937546210612b299dbd9998d1f754344664abe15c57　2021　01

（二）提炼数据质量验证规则

1. 单表数据量监控

监控单表数据总量，如每月食品总个数的监控和总订单数的监控。

食品的总个数指 count（＊），总订单数指 sum（month_sale），时间维度以月为单位。

设置报警触发条件如：如果（（本月的总订单数−上月的总订单数）/上月的总订单数＊100）不在 [−0.3，1] 内，则触发报警，合理阈值为 [−0.3，1]。

2. 单表空值检测

空值检测即某核心字段为空的行数，如商品 ID 和商店 ID 均不可为空。核心字段为空则报警。

关键字段如价格和月销量也可做空值的检测，关键字段为空的数据行数，超出设定的 [数值下限，数值上限]，则认为异常并报警。

3. 单表重复值检测

按商品 ID 和商店 ID 进行分组，统计异常的重复数据。如果存在条数>1 的组，则存在重复值，重复值数量大于 [数值下限，数值上限]，则触发报警。

4. 表值域检测

某些字段存在一些合理的取值范围，比如打包费，可以设置［数值下限，数值上限］，如［0，50］，若打包费超过50，则触发报警。

5. 跨表数据量对比

可以监控数据处理前后的两张表的数据量是否一致，即计算 count（本表）-count（关联表），设置相应［数值下限，数值上限］，超出限制则报警。也可监控主表与从表的关联字段是否对应，如店铺 ID 是否都与店铺表中的店铺 ID 对应，可以通过左外连接来实现。对于未匹配上的数据，设置合理的阈值［数值下限，数值上限］，超出阈值则报警。

（三）规则库构建

整合上述验证规则，并添加到规则库。规则库包括：检核对象配置、调度配置、规则配置、检核范围确认、检核标准确定等。

（四）检测结果存储

可以采用编写 shell 脚本的方式，实现对规则库中数据质量检测项的计算，并将结果写入到数据检测结果表中，注意需要添加数据验证时间，以确保数据验证的及时性。数据质量检测表字段可以参考图 3-9 所示的内容。

数据质量检测表		
数据质量检测id	bigint	⟨pk⟩
单表数据量检测异常数据量	int	
单表数据量是否超出阈值	bool	
单表空值检测异常数据量	int	
单表空值是否超出阈值	bool	
单表重复值检测异常数据量	int	
单表重复值是否超出阈值	bool	
表值域检测异常数据量	int	
表值域是否超出阈值	bool	
跨表数据量检测异常数据量	int	
跨表数据量是否超出阈值	bool	
跨表外键检测异常数据量	int	
跨表外键是否超出阈值	bool	
检测数据日期	date	
检测完成时间	timestamp	
数据更新时间	timestamp	
异常处理状态	char(1)	

图 3-9　数据质量检测表字段

三、使用 Griffin 创建 Measure

创建 Measures 时，分以下四个数据质量模型。

精确度（accuracy）：指对比两个数据集 source/target，指定对比规则如大于、小于、等于，指定对比的区间，最后通过作业调起的 Spark 计算得到结果集。

数据分析（data profiling）：定义一个源数据集，求得 n 个字段的最大值、最小值、数量值等。

发布（publish）：用户如果通过配置文件而不是界面方式创建了 Measure，并且 Spark 运行了该质量模型，结果集会写入到 ElasticSearch 中，通过发布定义一个同名的 Mesaure，就会在界面的仪表盘中显示结果集。

JSON/YAML Mesaure：用户自定义的 Measure，配置文件也可以通过这个位置定义。

（一）创建精确度类型 Measure

适用于两个数据集 source/target 中两个字段值的比对，如 eleme_foods 和 eleme_foods_org 中 item_id 的比对。

在 Griffin 的 Web 页面，点击 Measure，再点击 Create Measure，如图 3-10 所示。

图 3-10　Griffin 页面点击 Create Measure

选择精确度类型，如图 3-11 所示。

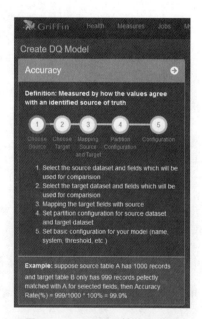

图 3-11　Measure 精确度设置

选择数据源的字段，选择 test 库，选择 eleme_foods_org 表中的 item_id 字段，如图 3-12 所示。

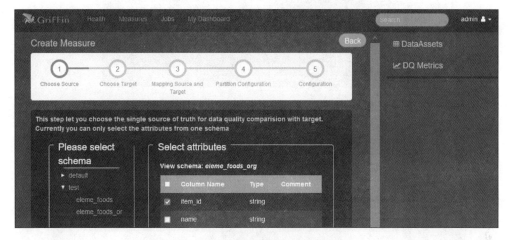

图 3-12　Measure 数据源字段设置

选择目标表的字段，选择 test 库，选择 eleme_foods 表中的 item_id 字段如图 3-13 所示。

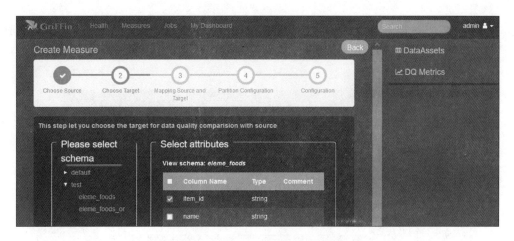

图 3-13　Measure 目标字段设置

选择两个字段的映射条件，有大于、等于、小于三种，我们这里选择等于，如图 3-14 所示。

选择时间格式和分区尺度，时间粒度有天、小时、分钟，我们这里选择小时，如图 3-15 所示。

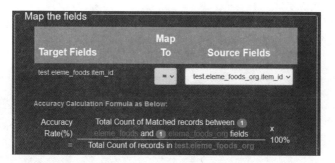

图 3-14　Measure 计算数据源及目标字段设置

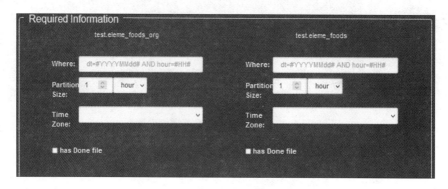

图 3-15　Measure 计算时间粒度设置

添加 Measure 名称和描述，然后点击"Submit（提交）"，如图 3-16 所示，创建成功如图 3-17 所示。

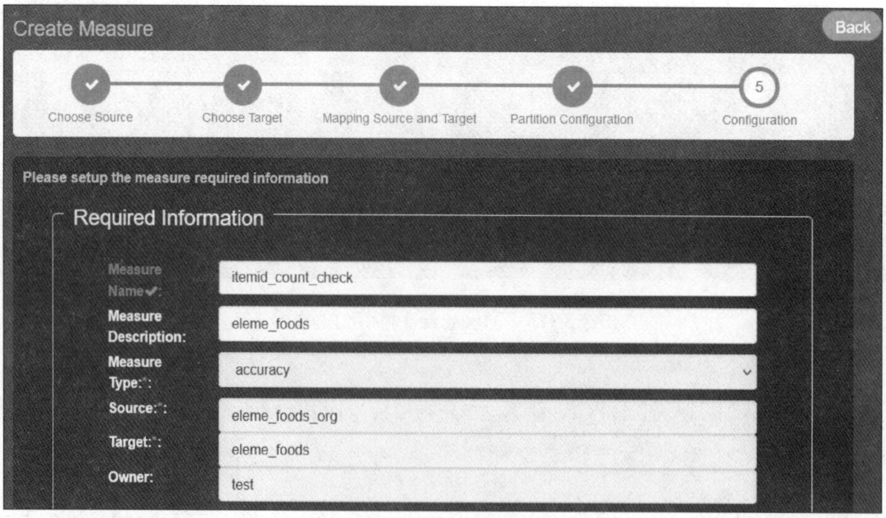

图 3-16　Measure 信息设置

图 3-17　Measure 创建成功

（二）创建 Profiling 类型 Measure

Data Profiling 类型的 Measure 可以对关注的字段做一些计算统计，比如外卖数据中的 item_id 空值的个数，数据总条数，配送费的最大值、最小值等。

在 Griffin 的 Web 页面，点击"Measure"，再点击"Create Measure"，创建 DQ Model，类型选择 Data Profiling，如图 3-18 所示。

选择要检测的数据源，这里以统计 item_id 的空值个数为例，目标字段为 test 库 eleme_foods 表中的 item_id 字段，如图 3-19 所示。

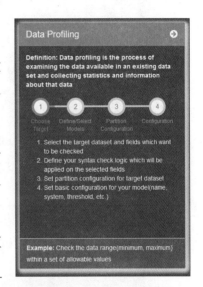

图 3-18　Measure 类型选择

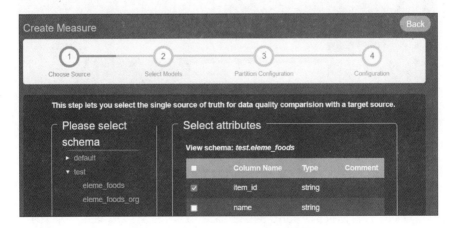

图 3-19　Measure 目标字段选择

选择验证规则，这里选择字段为 null 或 empty 的情况，如图 3-20 所示。

设置时间和分区，如图 3-21 所示。

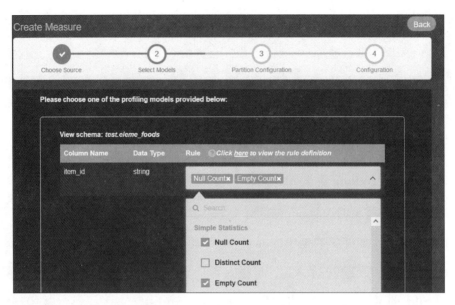

图 3-20 Measure 选择验证规则

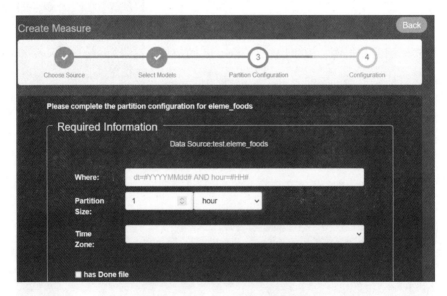

图 3-21 Measure 设置时间和分区

　　添加 Measure 的名称及描述如图 3-22 所示，点击提交"Submit"并保存，创建好的 Measure 如图 3-23 所示。

　　注意当选取的检测类型为数字时，可以支持最大值、最小值、平均值等指标的计算，如图 3-24 所示。

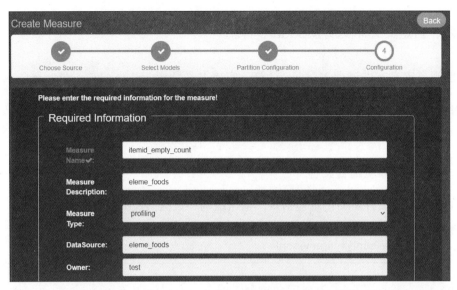

图 3-22 Measure 描述信息设置

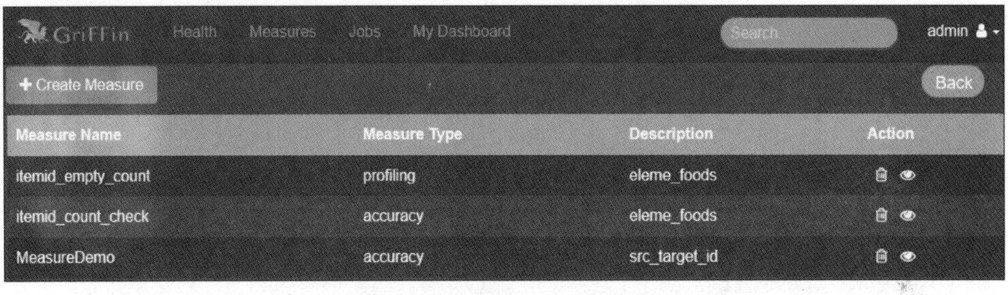

图 3-23 Measure 创建成功

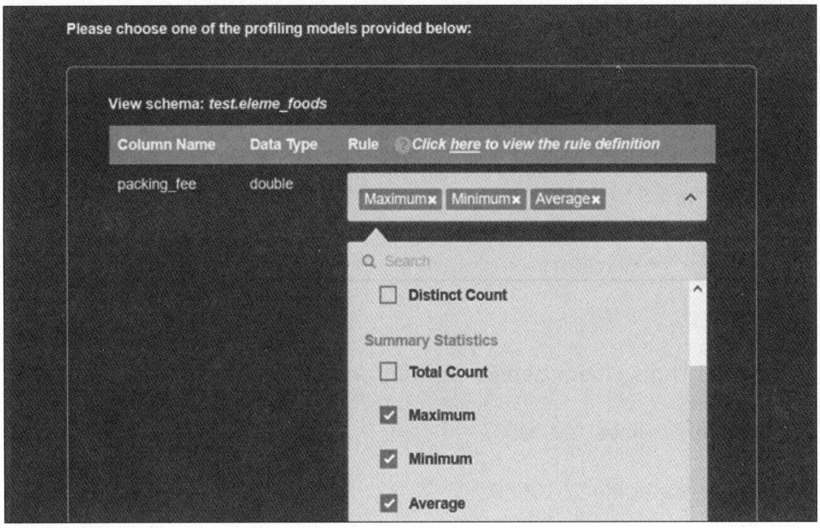

图 3-24 Measure 选择计算指标

四、自定义文件实现 Measure 计算

使用自定义文件进行 Measure 计算，实质上是调用 org. apache. griffin. measure. Application 提交 Spark 任务进行计算，使用此方法需要传递两个参数，即定义环境配置文件和定义数据分析配置文件。

（一）定义环境配置文件

修改的环境文件主要信息包括日志输出级别和数据落地类型及路径。

```
[root@ master conf]# vi env.json
{
  "spark" : {
    "log.level" : "WARN"
  },
  "sinks" : [ {
    "name" : "console",
    "type" : "CONSOLE",
    "config" : {
      "max.log.lines" : 10
    }
  }, {
    "name" : "hdfs",
    "type" : "HDFS",
    "config" : {
      "path" : "hdfs://nameservice1/griffin/persist",
      "max.persist.lines" : 10000,
      "max.lines.per.file" : 10000
```

```
        }
    }, {
        "name" : "elasticsearch",

        "type" : "ELASTICSEARCH",

        "config" : {

            "method" : "post",

            "api" : "http://172.xxx.xxx.xxx:9200/griffin/accuracy",

            "connection.timeout" : "1m",

            "retry" : 10

        }

    } ],

    "griffin.checkpoint" : [ ]

}
```

（二）定义数据分析配置文件

分析配置文件主要功能是可以通过 config 连接到 Hive 中的指定表，编辑规则实现对目标字段个数的统计、空值的统计、最大值和最小值的计算。

```
[root@ master conf]# vi check.json

{

    "measure.type" : "griffin",

    "id" : 186,

    "name" : "job_ods_dict_items_df_20min",

    "owner" : "root",

    "description" : "test",

    "deleted" : false,

    "timestamp" : 1606111200000,
```

```
    "dq.type" : "PROFILING",

    "sinks" : [ "ELASTICSEARCH", "HDFS" ],

    "process.type" : "BATCH",

    "rule.description" : {

        "details" : [ {

            "name" : "increment_data",

            "infos" : "month_data"

        }, {

            "name" : "empty_data",

            "infos" : "Empty Count"

        }, {

            "name" : "duplicate_data",

            "infos" : "duplicate_data_ount"

        },{

            "name" : "fee_data",

            "infos" : "fee_data_count"

        },   {

            "name" : "foreign_data",

            "infos" : "foreign_data_ount"

        },]

    },

    "data.sources" : [ {

        "id" : 190,

        "name" : "source",

        "connector" : {

            "id" : 191,
```

```
            "name" : "source1606188577723",

            "type" : "HIVE",

            "version" : "1.2",

            "predicates" : [ ],

            "data.unit" : "1day",

            "data.time.zone" : "",

            "config" : {

                "database" : "test",

                "table.name" : "eleme"

            }

        },

        "baseline" : false

    } ],

    "evaluate.rule" : {

        "id" : 187,

        "rules" : [ {

            "id" : 188,

            "rule" : "count(source.item_id ) AS ' item_value_emptycount' WHERE source.i-
tem_value = ' ' ",

            "dsl.type" : "griffin-dsl",

            "dq.type" : "PROFILING",

            "out.dataframe.name" : "increment_data"

        }, {

            "id" : 189,

            "rule" : "count(source.id) AS ' id_count' ,max(source.packing_fee) AS ' dict_id_
max' ,min(source.packing_fee) AS ' dict_id_min' ",
```

```
        "dsl.type" : "griffin-dsl",

        "dq.type" : "PROFILING"

      } ]

   },

   "measure.type" : "griffin"

}
```

（三）提交分析任务

```
# 注：griffin-measure.jar 提前放到 hdfs 上

[root@ master~]# /home/newland/soft/spark-2.4.0-bin-hadoop2.7/bin/spark-submit \

--class org.apache.griffin.measure.Application \

--master yarn \

--deploy-mode client \

--queue root.yarn_pool.production \

--driver-memory 2g --executor-memory 1g --num-executors 2 \

hdfs:///griffin/griffin-measure.jar \

/tmp/env.json /tmp/check.json
```

（四）查看 HDFS 输出目录

```
[root@ master conf]# hadoop fs -text /griffin/persist/job_ods_dict_items_df_20min/
1606111200000/_METRICS
```

```
/griffin/persist/job_ods_dict_items_df_20min/1606111200000/_METRICS

{"name":"job_ods_dict_items_df_20min","tmst":1606111200000,"value":{"item_val-
ue_emptycount":0,"id_count":1000,"dict_id_max":86,"dict_id_min":0},"metadata":
{"applicationId":"application_1606131248160_0524"}}
```

第四节 数据质量检测的执行与处理

一、数据核验任务的执行

（一）Griffin 创建作业（Job）

以统计 item_id 过程中的准确性为需求创建作业，新建一个作业，点击"Create Job（创建作业）"，如图 3-25 所示。

图 3-25 Griffin 创建作业

给创建的作业起名，选择相应的 Measure，设置任务执行时间，这里设置的是每个小时的第 5 分钟开始执行任务，点击提交并保存，如图 3-26 所示，创建好的作业如图 3-27 所示。

（二）离线任务调度

如果是采用 shell 脚本的方式进行数据质量管理，执行的任务调度工具推荐使用 Azkaban 或 Oozie，这里对比一下两种工具的区别。

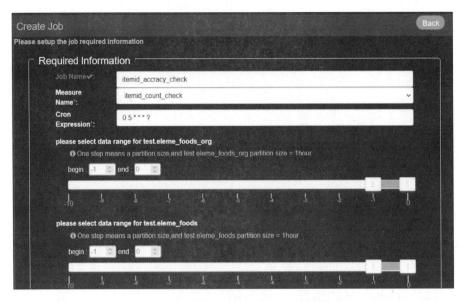

图 3-26 选择 Measure 设置执行时间

图 3-27 作业创建完成

1. Oozie 和 Azkaban 的性能区别

Oozie 相比 Azkaban 是一个重量级的任务调度系统，功能全面，但配置使用也更复杂。Oozie 配置工作流的过程是编写大量的 XML 配置，而且代码复杂度比较高，不易于二次开发。如果可以不在意某些功能的缺失，轻量级调度器 Azkaban 是很不错的候选对象。

2. Oozie 和 Azkaban 在其他方面的区别

两者在功能方面大致相同，只是 Azkaban 可以直接操作 shell 语句。在安全性上可能 Oozie 会比较好。Oozie 底层在提交 Hadoop Spark 作业是通过 org. apache. hadoop 的封装好的接口进行提交。

（1）工作流定义：Azkaban 为 properties 定义，而 Oozie 通过 XML 定义。

（2）部署过程：Oozie 的部署相对困难，同时它是从 Yarn 上拉取任务日志。

（3）Oozie 能有效地检测任务的成功或失败，但是 Azkaban 中如果有任务出现失败，只要进程有效执行，那么任务就算执行成功，这是它的已知缺陷。

（4）操作工作流：Oozie 支持 RestApi、Java API、Web 操作。Azkaban 使用 Web 操作。

（5）权限控制：Azkaban 具有较完善的权限控制，供用户对工作流读写执行操作。Oozie 基本无权限控制。

（6）运行环境：Azkaban 的 actions 运行在 Azkaban 的服务器中。而 Oozie 的 actions 主要运行在 Hadoop 中。

（7）记录工作流（workflow）的状态：Oozie 将其保存在 MySQL 中，Azkaban 将正在执行的工作流状态保存在内存中。

（8）出现失败的情况：Oozie 可以在继续失败的工作流运行，Azkaban 会丢失所有的工作流。

二、数据质量问题的处理

（一）解决质量问题方法

1. 定义业务需求与方法

找出有哪些业务受到数据质量问题的影响，或者由于数据质量的改进将会为企业带来更好的业务效益的需求，评估这些业务需求并按照重要等级排序，作为本次数据质量提升的目标与范围。只有明确了业务需求与方法，才能确保要解决的数据质量问题是与业务需求相关的，从而真正解决业务问题。

2. 分析信息环境

细化已定义的业务需求，识别出业务需求与数据、数据规范、流程、组织和技术（如系统、软件等）之间的关联信息，定义信息生存周期，确定数据来源及范围。通过分析信息环境，不仅可以为后续的原因分析提供帮助，也可以使我们对数据问题及现状有一个更全面、直观的理解与认识。

3. 评估数据质量

从相关数据源提取数据，围绕已定义的业务需求，设计数据评估维度，并利用相关工具完成评估，将数据质量评估结果以图表或报告形式准确地表达出来，使相关领导或业务人员都能够清晰、直观地了解实际的数据质量情况，确保数据问题是与业务需求相关的，并能够得到相关领导或业务人员的重视与支持。

4. 评估业务影响

了解低质量数据是如何影响业务的，为什么这些数据很重要，如果改善这些问题会带来哪些业务价值。评估方式的复杂度越高所花费的时间越长，不过与评估效果却并不一定成正比，所以在评估业务影响时也要注意方法的选择。另外，要将业务影响评估结果及时归档，这样，随着时间的推移即便问题被淡化，也能够有迹可查。

5. 确定根本原因

在纠正数据问题之前要先确定其根本原因，产生问题的根源有很多。不过，有些问题的发生仅是表象，并不一定是导致错误数据的根本原因，所以在分析的过程中，要不断地去追踪数据进行问题定位，确定问题最早出现的根本原因；或者多问自己几遍"为什么"，以弄清楚问题的根本原因，进而使问题得到有效解决，达到治标又治本的效果。

6. 制定改进方案

通过上述几步详细的问题分析及原因确定，在这一步则可以有针对性地制定出合理的数据质量改进方案，包括对已知数据问题的改进建议及如何预防未来类似错误数据的发生。

7. 预防未来数据错误

根据解决方案的设计，预防未来错误数据的发生。

8. 纠正当前数据错误

根据解决方案的设计，解决现有数据问题。这一步更多是补救措施，但对于最终质量目标的达成至关重要。

9. 实施控制监控

实施持续的监测，确定是否已经达到预期效果。

10. 沟通行动和结果

对结果和项目进展情况沟通，保证整体项目的持续推进。

（二）编写数据质量报告

评估数据质量和管理数据问题的工作对组织用处不大，除非通过报告共享信息让数据消费者了解到数据的状况。报告应着重于以下方面。

（1）数据质量评分卡。数据质量评分卡可从高级别的视角提供与各种指标相关的分数，并在既定的阈值内向组织的不同层级报告。

（2）数据质量趋势。数据质量趋势随时间显示数据质量是怎样被测量的，以及数据质量趋势是向上还是向下。

（3）服务水平协议（SLA）指标。例如，运营数据质量人员是否及时诊断和响应数据质量事件。

（4）数据质量问题管理。监控问题和解决方案的状态。

（5）数据质量团队与治理政策的一致性。

（6）IT团队和业务团队对数据质量政策的一致性。

（7）改善项目带来的积极影响。

报告应尽可能与数据质量SLA中的指标保持一致，以便团队的目标与客户的目标保持一致。数据质量方案还应报告改进项目带来的积极影响，最佳的做法是持续地提醒组织数据为客户带来的直接影响。

思考题

1. 结合自身公司情况，简述为什么要开展数据质量管理。

2. 结合PDCA模型简述数据质量改进过程。

3. 请结合工作中数据，列举三条以上数据验证规则，并设置合适的阈值。

4. 简述如何使用Griffin构建Measure及作业。

5. 请列举至少一项公司中存在的数据质量问题，你有怎样的处理计划？

第四章
大数据安全

　　大数据之"大"，实际上指的是数据的种类丰富、存储量大，对大数据的管理是一个具有挑战性的工作。无论是数据的存储，还是数据应用的环境，随着数据体量的增大，企业大数据的管理风险也随之增加。数据安全越来越受到政府、企业等组织的重视，因而提升数据安全是大数据管理工作的重中之重。数据安全甚至直接影响着国家安全。

　　本章介绍大数据安全的意义和重要作用、大数据面临的安全问题与挑战、大数据安全防护的主要技术，以及用户管理工具 Kerberos 与权限管理工具 Sentry 的使用。

- **职业功能：** CDH 环境下用户认证及权限管理。
- **工作内容：** CDH 环境使用 Kerberos 进行用户身份认证，使用 Sentry 对 Hive 上的数据进行权限管理。
- **专业能力要求：** 能够在 Linux 环境或 Windows 环境下，实现使用 Kerberos 对用户的身份认证。能够在 Hue 页面下或使用 Linux 命令行的方式，使用 Sentry 完成对 Hive 中的数据进行权限管理。
- **相关知识要求：** 主要大数据安全威胁，熟悉常用大数据安全防护技术。了解 Kerberos 和 Sentry 在 CDH 中的设置，Kerberos 创建用户身份认证操作，Sentry 对 Hive 中的数据进行权限管理操作。

第一节 大数据安全

一、大数据安全的意义和重要作用

大数据使得一些服务更加贴近人们的生活。打开浏览器上网，广告弹窗推荐的商品可能正好就是你最近想买的东西。进入电商网络，它就能根据你的历史浏览记录为你贴心推荐想要的商品。翻阅自己的微博，查看定位信息就能够准确回忆起一年前的今天你在哪里、做了什么。在搜索引擎中输入关于自己的关键词，也许可以重温你在10年前写下的网络日志。人们的生活已经离不开大数据。

正是因为大数据对国家、企业、个人具有重要的作用，在使用和发展大数据的同时，也容易出现大数据引发的个人隐私安全、企业信息安全乃至国家安全问题。大数据安全已成为学术与工业界的热点，具有很高的研究价值。没有安全，发展就是空谈，数据安全是发展大数据的前提，必须将安全摆在更加重要的位置。

（一）个人隐私安全

与大数据安全及个人关系最密切的就是个人隐私安全，在大数据时代，防止外部数据商挖掘个人信息是不可能的。目前，各社交网站均不同程度地开放其用户所产生的实时数据，这些数据被一些数据商收集，还出现了一些监测数据的市场分析机构。通过人们在社交网站中写入的信息、智能手机显示的位置信息等多种数据组合，已经可以精确锁定个人，挖掘出个人信息体系，因此，用户隐私问题堪忧。据统计，通过分析用户 4 个曾经到过的位置，就可以识别出 95% 的用户。

（二）企业数据安全

迈进大数据时代，企业信息安全面临多重挑战。企业在获得大数据时代信息价值增益的同时，其风险也在不断地累积，大数据安全方面的挑战日益增大。黑客窃密与病毒木马会入侵企业信息系统，大数据在云系统中进行上传、下载、交换的同时，极易成为黑客的攻击对象。而大数据一旦被入侵并产生泄密，就会对企业的品牌、信誉、研发、销售等多方面造成严重冲击以及难以估量的损失。通常，那些对大数据分析有较高要求的企业，会面临更多的挑战，如电子商务、金融领域、天气预报的分析预测、复杂网络计算和广域网感知等。任何一个误导目标信息提取和检索的攻击都是有效攻击，因为这些攻击会对厂商的大数据安全分析产生误导，导致其分析偏离正确的检测方向。应对这些攻击需要我们集合大量数据，进行关联分析才能够知道其攻击意图。大数据安全是与大数据业务相对应的，传统时代的安全防护思路难以奏效，并且成本过高。无论是从防范黑客对数据的恶意攻击，还是从对内部数据的安全管控角度，为了保障企业信息安全，迫切需要一种更为有效的方法对企业大数据的安全性进行有效管理。

（三）国家信息安全

大数据时代，国家安全将受到信息战与网络恐怖主义的威胁，大数据安全的重要性在国家层面也需要得到重视。大数据时代的安全环境发生了质的变化。不管是战争时期还是和平年代，一国的各种信息设施和重要机构等都可能成为被攻击目标，而且保护它们免受攻击已超出了军事职权和能力的范围。决策的不可靠性、信息自身的不安全性、网络的脆弱性、攻击者数量的激增、军事战略作用的下降和地理作用的消失等，都使国家安全受到了严峻的挑战。此外，大数据也使网络恐怖主义有了可乘之机，由于大数据涉及面广泛，网络恐怖主义的势力可能侵入人们生活的方方面面。大数据对国家安全的影响涉及了国家安全内容的诸多方面，我们平时关注比较多的有科技安全、信息安全，其实大数据安全对国民安全、政治安全、意识形态安全、社会公共安全等的影响也很大。

总之，大数据的发展给我们带来了机遇，但是也带来了挑战。大数据已经影响到个人、企业、国家和社会，在享受大数据便利的同时我们必须重视大数据安全。

二、大数据安全威胁

在大数据环境下，各行业和领域的安全需求正在发生改变，从数据采集、数据整合、数据提炼、数据挖掘到数据发布，这一流程已经形成新的完整链条。随着数据的进一步集中和数据量的增大，对产业链中的数据进行安全防护变得更加困难。同时，数据的分布式、协作式、开放式处理也加大了数据泄露的风险，在大数据的应用过程中，如何确保用户及自身信息资源不被泄露将在很长一段时间内成为企业重点考虑的问题。然而，现有的信息安全手段已不能满足大数据时代的信息安全要求，安全威胁将逐渐成为制约大数据技术发展的瓶颈。

(一) 大数据基础设施安全威胁

大数据基础设施包括存储设备、运算设备、一体机和其他基础软件（如虚拟化软件）等。为了支持大数据的应用，需要创建支持大数据环境的基础设施。例如，需要高速的网络来收集各种数据源，大规模的存储设备对海量数据进行存储，还需要各种服务器和计算设备对数据进行分析与应用，并且这些基础设施带有虚拟化和分布式性质等特点。大数据基础设施给用户带来各种大数据新应用的同时，也会遭受到安全威胁。

1. 非授权访问

没有预先经过同意，就使用网络或计算机资源。例如，有意避开系统访问控制机制，对网络设备及资源进行非正常使用，或擅自扩大使用权限，越权访问信息。主要形式有假冒身份攻击、非法用户进入网络系统进行违法操作，以及合法用户以未授权方式进行操作等。

2. 信息泄露或丢失

数据在传输中泄露或丢失（例如，利用电磁泄漏或搭线窃听方式截获机密信息，或通过对信息流向、流量、通信频度和长度等参数的分析，窃取有用信息等），在存储介质中丢失或泄露，以及黑客通过建立隐蔽隧道窃取敏感信息等。

3. 网络基础设施传输过程中破坏数据的完整性

大数据采用的分布式和虚拟化架构，意味着比传统的基础设施有更多的数据传输，大量数据在一个共享的系统里被集成和复制，当加密强度不够的数据在传输时，攻击者能通过实施嗅探、中间人攻击、重放攻击来窃取或篡改数据。

4. 拒绝服务攻击

通过对网络服务系统的不断干扰，改变其正常的作业流程或执行无关程序，导致系统响应迟缓，影响合法用户的正常使用，甚至使合法用户遭到排斥，不能得到相应的服务。

5. 网络病毒传播

通过信息网络传播计算机病毒。针对虚拟化技术的安全漏洞攻击，黑客可利用虚拟机管理系统自身的漏洞，入侵到宿主机或同一宿主机上的其他虚拟机。

（二）大数据存储安全威胁

大数据规模的爆发性增长，对存储架构产生新的需求。大数据的规模通常可达到PB量级，数据的来源多种多样，结构化数据和非结构化数据混杂其中，传统结构化存储系统已经无法满足大数据应用的需要，因此，需要采用面向大数据处理的存储系统架构。大数据存储系统要有强大的扩展能力，可以通过增加模块或磁盘存储来增加容量；大数据存储系统的扩展要求操作简便快速，操作甚至不需要停机。在此种背景下，Scale-out（横向扩展）架构越来越受到青睐。Scale-out 是指根据需求增加不同的服务器和存储应用，通过多部服务器的协同存储、计算以提高整体运算能力，并且通过负载平衡及集群容错等功能保障服务的可靠度。与传统存储系统的烟囱式架构完全不同，Scale-out 架构可以实现无缝平滑的扩展，避免产生"存储孤岛"。

在传统的数据安全中，数据存储是非法入侵的最后环节，目前已形成完善的安全防护体系。大数据对存储的需求主要体现在海量数据处理、大规模集群管理、低延迟读写速度和较低的建设及运营成本方面。大数据时代的数据非常繁杂，其数据量非常的惊人，保证这些信息数据在有效利用之前的安全是一个重要课题。在数据应用的生存周期中，数据存储是一个关键环节，数据停留在此阶段的时间最长。目前，可采用关系型（SQL）数据库和非关系型（NoSQL）数据库进行存储。现阶段，大多数的企业采用非关系型数据库存储大数据，因此，本节将重点讨论非关系型数据库的安全威胁。

1. 关系型数据库存储安全

关系型分布式数据库的理论基础是 ACID（atomicity、consistency、isolation、durability，即原子性、一致性、隔离性、持久性）模型。事务的原子性是指事务中包含的所有操作要么全做，要么全不做。事务的一致性是指在事务开始之前，数据库处于一致性的状态，事务结束后，数据库也必须处于一致性状态。事务的隔离性要求系统必须保证事务不受其他并发执行的事务影响。例如对于任何一对事务 T1 和 T2，在事务 T1 看来，T2 要么在 T1 开始之前已经结束，要么在 T1 完成之后才开始执行。事务的持久性是指一个事务一旦成功完成，它对数据库的改变必须是永久性的，即使是在系统遇到故障的情况下也不会丢失。数据的重要性决定了事务持久性的重要性。

通过 SQL 数据库的 ACID 模型可以知道，传统的关系型数据库虽然因通用性设计带来了性能上的限制，但可以通过集群提供较强的横向扩展能力。关系型数据库的优点除了较强的并发读写能力、数据强一致性保障、很强的结构化查询与复杂分析能力和标准的数据访问接口外，还包括如下优点。

（1）操作方便。关系型数据库通过应用程序和后台连接，方便用户对数据的操作。

（2）易于维护。关系型数据库具有非常好的完整性，包括实体完整性、参照完整性和用户定义完整性，大大降低了数据冗余和数据不一致的概率。

（3）便于数据访问。关系型数据库提供了诸如视图、存储过程、触发器、索引等对象。

（4）更安全便捷。关系型数据库的权限分配和管理方式，使其较以往的数据库在安全性上要高很多。

通常，数据结构化对于数据库开发和数据防护有着非常重要的作用。结构化的数据便于管理、加密、处理和分类，能够有效地智能分辨非法入侵数据，数据结构化虽然不能够彻底避免数据安全风险，但是能够加快数据安全防护的效果。

2. 非关系型数据库存储安全

由于大数据具备数据量大、多数据类型、增长速度快和价值密度低的特点，采用传统关系型数据库管理技术往往面临成本支出过多、扩展性差、数据快速查询困难等问题。对于占数据总量八成以上的非结构化数据，通常采用 NoSQL 技术完成对大数据的存储、管理和处理。与关系型分布式数据库的 ACID 理论基础相对，非关系型数据库的理论基础是 BASE 模型（basically available、soft-state、eventually-consistent，基本可用、柔性事务、最终一致性）。BASE 来自互联网电子商务领域的实践，它是基于 CAP（Consistency、Availability、Partition tolerance，一致性、可用性、分区容错性）理论逐步演化而来，核心思想是即使不能达到强一致性（strong consistency），但可以根据应用特点采用适当的方式来达到最终一致性（eventual consistency）的效果。BASE 模型是反 ACID 模型的，它完全不同于 ACID 模型，牺牲强一致性，获得基本可用性和柔性可靠性性能，并要求达到最终一致性。

由 NoSQL 的理论基础可以知道，基于数据多样性，非关系数据并不是通过标准 SQL 语言进行访问的。NoSQL 数据存储方法的主要优点是数据的可扩展性和可用性、数据存储的灵活性。每个数据的镜像都存储在不同地点以确保数据可用性。NoSQL 的不足之处为在数据一致性方面需要应用层保障，结构化查询统计能力也较弱。

NoSQL 带来以下安全挑战。

（1）模式成熟度不够。目前的标准 SQL 技术包括严格的访问控制和隐私管理工具，而在 NoSQL 模式中，并没有这样的要求。事实上，NoSQL 无法沿用 SQL 的模式，它应该有自己的新模式。例如，与传统 SQL 数据存储相比，在 NoSQL 数据存储中，列和行级的安全性更为重要。此外，NoSQL 允许不断对数据记录添加属性，需要为这些新属性定义安全策略。

（2）系统成熟度不够。在饱受各种安全问题的困扰后，关系型数据库和文件服务器系统的安全机制已经变得比较成熟。虽然 NoSQL 可以从关系型数据库安全设计中学习经验教训，但至少在几年内 NoSQL 仍然会存在各种漏洞。

（3）客户端软件问题。由于 NoSQL 服务器软件没有内置足够的安全机制，所以，必须对访问这些软件的客户端应用程序提供安全保障措施，但这样又会产生其他问题。

• 身份验证和授权功能。该安全保障措施使应用程序更复杂。例如，应用程序需要定义用户和角色，并且需要决定是否向用户授权访问权限。

• SQL 注入问题。困扰着关系型数据库应用程序的问题又继续困扰 NoSQL 数据库。

例如，黑客利用"NoSQL 注入"来访问受限制的信息。

- 代码容易产生漏洞。市面上有很多 NoSQL 产品和应用程序，应用程序越多，产生漏洞就越多。

（4）数据冗余和分散性问题。关系型数据库通常在相同位置存储数据。但大数据系统采用另外一种模式，将数据分散在不同地理位置、不同服务器中，以实现数据的优化查询处理及容灾备份。此情况下，难以定位这些数据并进行保护。

非关系型数据的优势是扩展简单、读写快速和成本低廉，但也存在很多劣势，例如不提供对 SQL 的支持，产品不够成熟，很难实现数据的完整性，缺乏强有力的技术支持等。因此开源数据库从出现到用户接受需要一个漫长的过程。

（三）大数据网络安全威胁

互联网及移动互联网的快速发展不断地改变人们的工作、生活方式，同时也带来严重的安全威胁。网络面临的风险可分为广度风险和深度风险。广度风险是指安全问题随网络节点数量的增加呈指数级上升。深度风险是指传统攻击依然存在且手段多样；APT（advanced persistante threat，高级持续性威胁）攻击逐渐增多且造成的损失不断增大；攻击者的工具和手段呈现平台化、集成化和自动化的特点，具有更强的隐蔽性、更长的攻击与潜伏时间、更加明确和特定的攻击目标。结合广度风险与深度风险，大规模网络主要面临的问题包括：安全数据规模巨大，安全事件难以发现，安全的整体状况无法描述，安全态势难以感知等。

通过上述分析，网络安全是大数据安全防护的重要内容。现有的安全机制对大数据环境下的网络安全防护并不完美。一方面，大数据时代的信息爆炸，导致来自网络的非法入侵次数急剧增长，网络防御形势十分严峻。另一方面，由于攻击技术的不断成熟，现在的网络攻击手段越来越难以辨识，给现有的数据防护机制带来了巨大的压力。因此对于大型网络，在网络安全层面，除了访问控制、入侵检测、身份识别等基础防御手段，还需要管理人员能够及时感知网络中的异常事件与整体安全态势，从成千上万的安全事件和日志中找到最有价值、最需要处理和解决的安全问题，从而保障网络的安全状态。

针对大数据的高级持续性攻击，美国国家标准与技术研究院对 APT 给出了详细定义：精通复杂技术的攻击者利用多种攻击向量（如网络、物理和欺诈）借助丰富资源创建机会实现自己目的。这些目的通常包括对目标企业的信息技术架构进行篡改从而盗取数据（如将数据从内网输送到外网），执行或阻止一项任务、程序，或者潜入对方架构中伺机偷取数据。

APT 的威胁主要包括：长时间重复某种操作；适应防御者从而产生抵抗能力；维持在所需的互动水平以执行偷取信息的操作。

简言之，APT 就是长时间窃取数据。作为一种有目标、有组织的攻击方式，APT 在流程上同普通攻击行为并无明显区别，但在具体攻击步骤上，APT 体现出以下特点，使其具备更强的破坏性。

（1）攻击行为特征难以提取。APT 普遍采用 0-day 漏洞①获取权限，通过未知木马进行远程控制。

（2）单点隐蔽能力强。为了躲避传统检测设备，APT 更加注重动态行为和静态文件的隐蔽性。

（3）攻击渠道多样化。目前被曝光的知名 APT 事件中，社交攻击、0-day 漏洞利用、物理摆渡等方式层出不穷。

（4）攻击持续时间长。APT 攻击分为多个步骤，从最初的信息搜集到信息窃取并外传往往要经历几个月甚至更长的时间。

在新形势下，APT 可能将大数据作为主要攻击目标，APT 攻击的上述特点使得传统以实时检测、实时阻断为主体的防御方式难以有效发挥作用。在与 APT 的对抗中，我们必须转换思路，采取新的检测方式，以应对新挑战。

（四）其他安全威胁

大数据除了在基础设施、存储、网络、隐私等方面面临上述安全威胁外，还包括如下几方面。

---

① 0-day 漏洞：网络安全术语，特指被攻击者掌握却未被厂商修复的系统漏洞。

1. 网络化社会使大数据易成为攻击目标

以论坛、博客、微博、社交网络、视频网站为代表的新媒体形式促成网络化社会的形成，在网络化社会中，信息的价值要超过基础设施的价值，极容易吸引黑客的攻击。此外，网络化社会中大数据蕴含着人与人之间的关系与连接，使得黑客成功攻击一次就能获得更多数据，无形中降低了黑客的进攻成本，增加了攻击收益。近年来在互联网上发生用户账号的信息失窃等连锁反应可以看出，大数据更容易吸引黑客，而且一旦遭受攻击，造成的损失十分惊人。

2. 大数据滥用风险

计算机网络技术和人工智能的发展，为大数据自动收集以及智能动态分析提供方便。但是，大数据技术被滥用或者误用也会带来安全风险。一方面，大数据本身的安全防护存在漏洞。对大数据的安全控制力度仍然不够，API访问权限控制以及密钥生成、存储和管理方面的不足都可能造成数据泄露。另一方面，攻击者也在利用大数据技术进行攻击。例如，黑客能够利用大数据技术最大限度地收集更多用户敏感信息。

3. 大数据误用风险

大数据的准确性、数据质量以及使用大数据做出的决定可能会产生影响。例如，从社交媒体获取个人信息的准确性，基本的个人资料例如年龄、婚姻状况、教育或者就业情况等通常都是未经验证的，分析结果可信度不高。另一个问题是数据的质量，从公众渠道收集到的信息，可能与需求相关度较小。这些数据的价值密度较低，如果对其进行分析和使用可能产生无效的结果，从而导致错误的决策。

三、大数据安全防护技术

数据的生存周期一般可以分为生成、变换、传输、存储、使用、归档、销毁7个阶段，根据大数据特点及应用需求的特点，对上述阶段进行合并与精简，可以将大数据应用过程划分为采集、存储、挖掘、发布4个环节。

数据采集环节是指数据的采集与汇聚，安全问题主要是数据汇聚过程中的传输安全问题；数据存储环节是指数据汇聚完毕后大数据的存储，需要保证数据的机密性和可用性，提供隐私保护；数据挖掘环节是指从海量数据中抽取出有用信息的过程，需要认证挖掘者的身份、严格控制挖掘的操作权限，防止机密信息的泄露；数据发布环节是指将有用信息输出给应用系统，需要进行安全审计，并保证可以对可能的机密泄露进行数据溯源。

海量大数据的存储需求催生了大规模分布式采集及存储模式。在数据采集过程中，可能存在数据损坏、数据丢失、数据泄露、数据窃取等安全威胁，因此需要使用身份认证、数据加密、完整性保护等安全机制来保证采集过程的安全性。本节将首先讨论数据采集过程中传输安全要求，再简要介绍 VPN（virtual private network，虚拟专用网）技术，并重点介绍 SSL（secure sockets layer，安全套接层）以及 VPN 技术在大数据传输过程中的应用。

（一）传输安全

一般来说，数据传输的安全要求有如下几点。

- 机密性：只有预期的目的端才能获得数据。
- 完整性：信息在传输过程中免遭未经授权的修改，即接收到的信息与发送的信息完全相同。
- 真实性：数据来源的真实可靠。
- 防止重放攻击：每个数据分组必须是唯一的，保证攻击者捕获的数据分组不能重发或者重用。

要达到上述安全要求，一般采用的技术手段如下。

- 目的端认证源端的身份，确保数据的真实性。
- 数据加密以满足数据机密性要求。
- 密文数据后附加 MAC（消息认证码），以达到数据完整性保护的目的。
- 数据分组中加入时间戳或不可重复标识来保证数据抵抗重放攻击[①]的能力。

VPN 技术将隧道技术、协议封装技术、密码技术和配置管理技术结合在一起，采用安全通道技术在源端和目的端建立安全的数据通道，通过将待传输的原始数据进行加密和协议封装处理后，再嵌套装入另一种协议的数据报文中，像普通数据报文一样

---

① 重放攻击（replay atlacks），是指攻击者发送一个目的主机已接收过的包，来达到欺骗系统的目的，主要用于身份认证过程，破坏认证的正确性。

在网络中进行传输。经过这样的处理，只有源端和目的端的用户对通道中的嵌套信息能够进行解释和处理，而对于其他用户而言只是无意义的信息。因此，采用 VPN 技术可以通过在数据节点以及管理节点之间布设 VPN 的方式，满足安全传输的要求。

目前较为成熟的 VPN 实用技术均有相应的协议规范和配置管理方法。这些常用配置方法和协议主要包括路由过滤技术、GRE（generic routing encapsulation，通用路由封装协议）、L2F（layer 2 tunneling protocol，第二层转发协议）、L2TP（layer 2 tunneling protocol，第二层隧道协议）、IPSec（IP security，IP 安全协议）、SSL 协议等。

IPSec 协议一直被认为是构建 VPN 最好的选择，从理论上讲，IPSec 协议提供了网络层之上所有协议的安全。然而因为 IPSec 协议的复杂性，使其很难满足构建 VPN 要求的灵活性和可扩展性。SSL VPN 凭借其简单、灵活、安全的特点，得到了迅速的发展，尤其在大数据环境下的远程接入访问应用方面，SSL VPN 具有明显的优势。

SSL VPN 采用标准的安全套接层协议，基于 X. 509 证书，支持多种加密算法。可以提供基于应用层的访问控制，具有数据加密、完整性检测和认证机制，而且客户端无需特定软件的安装，更加容易配置和管理等特点，从而降低用户的总成本并增加远程用户的工作效率。

SSL 协议是一种安全通信协议。SSL 协议建立在可靠的 TCP（transmission control protocol，传输控制协议）协议之上，并且与上层协议无关，各种应用层协议（如 HTTP/FTP/TELNET 等）能通过 SSL 协议进行透明传输。

SSL 协议提供的安全连接具有以下 3 个基本特点。

• 连接保密。对于每个连接都有唯一的会话密钥，采用对称密码体制［如 DES（data encryption standard，数据加密标准）］来加密数据。

• 连接可靠。消息的传输采用 MAC 算法［如 MD5（message-digest algorithm 5，信息–摘要算法）］进行完整性检验。

• 对端实体的鉴别采用非对称密码体制［如 RSA（Rivest-Shamir-Adleman，一种密码系统）］认证。

SSL VPN 系统的组成按功能可分为 SSL VPN 服务器和 SSL VPN 客户端。SSL VPN 服务器是公共网络访问私有局域网的桥梁，它保护了局域网内的拓扑结构信息。SSL

VPN 客户端是运行在远程计算机上的程序，它为远程计算机通过公共网络访问私有局域网提供一个安全通道，使得远程计算机可以安全地访问私有局域网内的资源。SSL VPN 服务器的作用相当于一个网关，它拥有两种 IP 地址：一种 IP 地址的网段和私有局域网在同一个网段，并且相应的网卡直接连在局域网上；另一种 IP 地址是申请合法的互联网地址，并且相应的网卡连接到公共网络上。

在 SSL VPN 客户端，需要针对其他应用实现 SSL VPN 客户端程序，这种程序需要在远程计算机上安装和配置。SSL VPN 客户端程序的角色相当于一个代理客户端，当应用程序需要访问局域网内的资源时，它就向 SSL VPN 客户端程序发出请求，SSL VPN 客户端程序再与 SSL VPN 服务器建立安全通道，然后转发应用程序并在局域网内进行通信。

通常 SSL VPN 有 3 种工作模式。

1. Web 浏览器模式

远程计算机使用 Web 浏览器通过 SSL VPN 服务器来访问企业内部网中的资源。SSL VPN 服务器相当于一个数据中转服务器，所有 Web 浏览器对服务器的访问都经过 SSL VPN 服务器的认证后转发给服务器，从服务器发往 Web 浏览器的数据经过 SSL VPN 服务器加密后送到 Web 浏览器，从而在 Web 浏览器和 SSL VPN 服务器之间，由 SSL 协议构建了一条安全通道。此模式是 SSL VPN 的主要优势所在，由于 Web 浏览器内置了 SSL 协议，只要在 SSL VPN 服务器上集中配置安全策略，用户就可使用。这种模式的缺点是仅能保护 Web 通信传输安全。

2. SSL VPN 客户端模式

这种模式与 Web 浏览器模式的差别主要是远程计算机上需要安装一个 SSL VPN 客户端程序，远程计算机访问企业内部的应用服务器时，需要经过 SSL VPN 客户端和 SSL VPN 服务器之间的保密传输后才能到达。SSL VPN 服务器相当于一个代理服务器，SSL VPN 客户端相当于一个代理客户端。在 SSL VPN 客户端和 SSL VPN 服务器之间，由 SSL 协议构建了一条安全通道，用来传送应用数据。这种模式的优点是支持所有建立在 TCP/IP（transmission control protocol/internet protocol，传输控制协议/因特网互联协议）和 UDP/IP（user datagram protocol/internet protocol，用户数据报协议/因特网互联协议）上的应用通信传输的安全，Web 浏览器也可以在这种模式下正常工作。这种

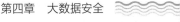

模式的缺点是客户端需要额外的开销。

3. LAN (local area network, 局域网) 到 LAN 模式

这种模式下客户端不需要做任何安装和配置, 仅在 SSL VPN 服务器上安装和配置。当一个网内的计算机要访问远程网络内的应用服务器时, 需要经过两个网的 SSL VPN 服务器之间的保密传输后才能到达。SSL VPN 服务器相当于一个网关, 在两个 SSL VPN 服务器之间, 由 SSL 协议构建了一条安全通道, 用来保护在局域网之间传送的数据。此模式对 LAN 与 LAN 间的通信传输进行安全保护。它的优点就是拥有更多的访问控制方式, 缺点是仅能保护应用数据的安全, 并且性能较低。

大数据环境下的数据应用和挖掘, 需要以海量数据的采集与汇聚为基础, 采用 SSL VPN 技术可以保证数据在节点之间传输的安全性。以电信运营商的大数据应用为例, 运营商的大数据平台一般采用多级架构, 处于不同地理位置的节点之间需要传输数据, 在任意传输节点之间均可部署 SSL VPN, 保证端到端的数据安全传输。安全机制的配置意味着额外的开销, 引入传输保护机制后, 除了数据安全性之外, 对数据传输效率的影响主要有两个方面: 一是加密与解密对数据速率造成的影响; 二是加密与解密对于主机性能造成的影响。在实际应用中, 选择加解密算法和认证方法时, 需要在计算开销和效率之间寻找平衡。

大数据关键在于数据分析和利用, 因此不可避免增加了数据存储的安全风险。相对于传统的数据, 大数据还具有生存周期长、多次访问、频繁使用的特征, 大数据环境下, 云服务商、数据合作厂商的引入增加了用户隐私数据泄露、企业机密数据泄露、数据被窃取的风险; 另外由于大数据具有如此高的价值, 大量的黑客就会设法窃取平台中存储的大数据, 以谋取利益。大数据的泄露将会对企业和用户造成无法估量的后果, 如果数据存储的安全性得不到保证, 将会极大地限制大数据的应用与发展。

事实上, 在数据应用的整个生存周期都需要考虑隐私泄露问题, 从数据应用角度来看, 隐私保护是将采集到的数据做变形, 以隐藏其真实含义。因此, 本书将隐私保护技术放在数据存储阶段介绍。

(二) 隐私保护

简单地说, 隐私就是个人、机构等实体不愿意被外部世界知晓的信息。在具体数据应用中，隐私即为数据所有者不愿意被披露的敏感信息，包括敏感数据以及数据所表征的特性，如用户的手机号、固话号码、公司的经营信息等。但当针对不同的数据以及数据所有者时，隐私的定义也会存在差别的。例如，保守的病人会视疾病信息为隐私，而开放的病人却不视之为隐私。一般来说，从隐私所有者的角度而言，隐私可以分为两类。

个人隐私（individual privacy）：任何可以确认特定个人或与可确认的个人相关、但个人不愿被暴露的信息，都叫作个人隐私，如身份证号、就诊记录等。

共同隐私（corporate privacy）：共同隐私不仅包含个人的隐私，还包含所有个人共同表现出的、但不愿被暴露的信息，如公司员工的平均薪资、薪资分布等信息。

隐私保护技术主要保护以下两个方面的内容：如何保证数据应用过程中不泄露隐私；如何更有利于数据的应用。

当前，隐私保护领域的研究工作主要集中于如何设计隐私保护原则和算法更好地达到这两方面的平衡。隐私保护技术可以分为以下 3 类。

1. 基于数据变换（distorting）的隐私保护技术

所谓数据变换，简单地讲就是对敏感属性进行转换，使原始数据部分失真，但是同时保持某些数据或数据属性不变的保护方法。数据失真技术通过扰动（perturbation）原始数据来实现隐私保护，它要使扰动后的数据同时满足以下两点：一是攻击者不能发现真实的原始数据，即攻击者通过发布的失真数据不能重构出真实的原始数据；二是失真后的数据仍然保持某些性质不变，即利用失真数据得出的某些信息等同于从原始数据上得出的信息，这就保证了基于失真数据的某些应用的可行性。

目前，该类技术主要包括随机化（randomization）、数据交换（data swapping）、添加噪声（add noise）等。一般来说，当进行分类器构建和关联规则挖掘，而数据所有者又不希望发布真实数据时，可以预先对原始数据进行扰动后再发布。

2. 基于数据加密的隐私保护技术

采用对称或非对称加密技术在数据挖掘过程中隐藏敏感数据，多用于分布式应用环境中，如分布式数据挖掘、分布式安全查询、几何计算、科学计算等。

分布式应用一般采用两种模式存储数据：垂直划分（vertically partitioned）和水平划分（horizontally partitioned）的数据模式。垂直划分数据是指分布式环境中每个站点只存储部分属性的数据，所有站点存储的数据不重复；水平划分数据是将数据记录存储到分布式环境中的多个站点，所有站点存储的数据不重复。

3. 基于匿名化的隐私保护技术

匿名化是指根据具体情况有条件地发布数据。如不发布数据的某些域值、数据泛化（generalization）等。限制发布即有选择的发布原始数据、不发布或者发布精度较低的敏感数据，以实现隐私保护。数据匿名化一般采用两种基本操作。

（1）抑制。抑制某数据项，即不发布该数据项。

（2）泛化。泛化是对数据进行更概括、抽象的描述。譬如，对整数 5 的一种泛化形式是［3，6］，因为 5 在区间［3，6］内。

每种隐私保护技术都存在自己的优缺点，基于数据变换的技术效率比较高，但却存在一定程度的信息丢失；基于加密的技术则刚好相反，它能保证最终数据的准确性和安全性，但计算开销比较大；而限制发布技术的优点是能保证所发布的数据一定真实，但发布的数据会有一定的信息丢失。在大数据隐私保护方面，需要根据具体的应用场景和业务需求，选择适当的隐私保护技术。

（三）数据加密

大数据环境下，数据分为两类：静态数据和动态数据。静态数据是指文档、报表、资料等不参与计算的数据；动态数据则是指需要检索或参与计算的数据。

使用 SSL VPN 可以保证数据传输的安全，但存储系统要先解密数据，然后进行存储，当数据以明文的方式存储在系统中时，面对未被授权入侵者的破坏、修改和重放攻击显得很脆弱，对重要数据的存储加密是必须采取的技术手段。本节将从数据加密算法、密钥管理方案以及安全基础设施三方面阐述数据加密机制。然而，这种"先加密再存储"的方法只能适用于静态数据，对于需要参与运算的动态数据则无能为力，因为动态数据需要在 CPU 和内存中以明文形式存在。目前对动态数据的保护还没有成熟的方案，本节后续介绍的同态加密机制可以为读者提供参考。

1. 静态数据加密机制

（1）数据加密算法。数据加密算法有两类：对称加密和非对称加密算法。对称加密算法是它本身的逆反函数，即加密和解密使用同一个密钥，解密时使用与加密同样的算法即可得到明文。常见的对称加密算法有 DES、AES（advanced encryption standard，高级加密标准）、IDEA（internationale data encrypt algorithm，国际数据加密算法）、RC4（一种密钥长度可变的流加密算法）、RC5、RC6 等。非对称加密算法使用两个不同的密钥，一个公钥和一个私钥。在实际应用中，用户管理私钥的安全，而公钥则需要发布出去，用公钥加密的信息只有私钥才能解密，反之亦然。常见的非对称加密算法有 RSA、基于离散对数的 ElGamal 算法[1]等。

两种加密技术的优缺点对比：对称加密的速度比非对称加密快很多，但缺点是通信双方在通信前需要建立一个安全信道来交换密钥。而非对称加密无须事先交换密钥就可实现保密通信，且密钥分配协议及密钥管理相对简单，但运算速度较慢。

实际工程中常采取的解决办法是将对称和非对称加密算法结合起来，利用非对称密钥系统进行密钥分配，利用对称密钥加密算法进行数据的加密，尤其是在大数据环境下，加密大量的数据时，这种结合尤其重要。

（2）加密范围。在大数据存储系统中，并非所有的数据都是敏感的。对那些不敏感的数据进行加密完全是没必要的。尤其是在一些高性能计算环境中，敏感的关键数据通常主要是计算任务的配置文件和计算结果，这些数据相对敏感程度不那么高，但对数据量庞大的计算源数据来说，在系统中比重不那么大。因此，可以根据数据敏感性，对数据进行有选择性的加密，仅对敏感数据进行按需加密存储，而免除对不敏感数据的加密，可以减小加密存储对系统性能造成的损失，对维持系统的高性能有着积极的意义。

（3）密钥管理方案。密钥管理方案主要包括密钥粒度的选择、密钥管理体系以及密钥分发机制。密钥是数据加密不可或缺的部分，密钥数量的多少与密钥的粒度直接相关。密钥粒度较大时，方便用户管理，但不适用于细粒度的访问控制。密钥粒度小时，可实现细粒度的访问控制，安全性更高，但产生的密钥数量大难于管理。

适合大数据存储的密钥管理办法主要是分层密钥管理，即"金字塔"式密钥管理

---

① ElGamal 算法：在密码学中，ElGamal 加密算法是一个基于迪菲–赫尔曼密钥交换的非对称加密算法。它在 1985 年由塔希尔·盖莫尔提出。很多密码学系统中都应用到了 ElGamal 算法。

体系。这种密钥管理体系就是将密钥以金字塔的方式存放，上层密钥用来加/解密下层密钥，只需将顶层密钥分发给数据节点，其他层密钥均可直接存放于系统中。考虑到安全性，大数据存储系统需要采用中等或细粒度的密钥，因此密钥数量多，而采用分层密钥管理时，数据节点只需保管少数密钥就可对大量密钥加以管理，效率更高。

可以使用基于 PKI 体系的密钥分发方式对顶层密钥进行分发，用每个数据节点的公钥加密对称密钥，发送给相应的数据节点，数据节点接收到密文的密钥后，使用私钥解密获得密钥明文。

2. 同态数据加密机制

同态加密是基于数学难题的计算复杂性理论而统计的密码学技术。对经过同态加密的数据进行处理得到一个输出，将这一输出进行解密，其结果与用同一方法处理未加密的原始数据得到的输出结果是一样的。设加密操作为 E，明文为 m，加密得 e，即 $e = E(m)$，$m = E'(e)$。已知针对明文有操作 f，针对 E 可构造 F，使得 $F(e) = E(f(m))$，这样 E 就是一个针对 f 的同态加密算法。

同态加密技术是密码学领域的一个重要课题，目前尚没有真正可用于实际的全同态加密算法，现有的多数同态加密算法要么是只对加法同态，要么是只对乘法同态，或者同时对加法和简单的标量乘法同态。少数的几种算法同时对加法和乘法同态，但是由于严重的安全问题，也未能应用于实际。2009 年 9 月，IBM 研究员发表的论文中提出一种基于理想格（ideal lattice）的全同态加密算法，成为一种能够实现全同态加密所有属性的解决方案。虽然该方案由于同步工作效率有待改进而未能投入实际应用，但是它已经实现了全同态加密领域的重大突破。

同态技术使得在加密的数据中进行诸如检索、比较等操作，得出正确的结果，而在整个处理过程中无须对数据进行解密。其意义在于从根本上解决大数据及其操作的保密问题。

（四）备份与恢复

1. 常用备份与恢复机制

数据存储系统应提供完备的数据备份和恢复机制来保障数据的可用性和完整性。

一旦发生数据丢失或破坏，可以利用备份来恢复数据，从而保证在故障发生后数据不丢失。下面介绍几种常见的备份与恢复机制。

（1）异地备份。异地备份是保护数据最安全的方式。当发生如火灾、地震等重大灾难时，在其他保护数据的手段都不起作用时，异地容灾的优势就体现出来。困扰异地容灾的问题在于速度和成本，这要求拥有足够带宽的网络连接和优秀的数据复制管理软件。一般主要从三方面实现异地备份。

• 基于磁盘阵列，通过软件的复制模块，实现磁盘阵列之间的数据复制，这种方式适用于在复制的两端具有相同的磁盘阵列。

• 基于主机方式，这种方式与磁盘阵列无关。

• 基于存储管理平台，它与主机和磁盘阵列均无关。

（2）RAID。RAID（redundant arrays of independent disks，独立磁盘冗余阵列）可以减少磁盘部件的损坏。RAID 系统使用许多小容量磁盘驱动器来存储大量数据，并且使可靠性和冗余度得到增强。所有的 RAID 系统共同的特点是"热交换"能力，即用户可以取出一个存在缺陷的驱动器，并插入一个新的予以更换。对大多数类型的 RAID 来说，不必中断服务器或系统，就可以自动重建某个出现故障磁盘上的数据。

（3）数据镜像。数据镜像就是保留两个或两个以上在线数据的拷贝。以两个镜像磁盘为例，所有写操作在两个独立的磁盘上同时进行；当两个磁盘都正常工作时，数据可以从任一磁盘读取；如果一个磁盘失效，则数据还可以从另外一个正常工作的磁盘读出。远程镜像根据采用的写入协议不同可划分为两种方式，即同步镜像和异步镜像。本地设备遇到不可恢复的硬件毁坏时，仍可以启动异地与此相同环境和内容的镜像设备，以保证服务不间断。

（4）快照。快照（snapshot）可以是其所表示数据的一个副本，也可以是数据的一个复制品。快照可以迅速恢复遭破坏的数据，减少宕机损失。快照的作用主要是能够进行在线数据备份与恢复。当存储设备发生应用故障或者文件损坏时可以进行快速的数据恢复，将数据恢复某个可用时间点的状态。快照可以实现瞬时备份，在不产生备份窗口的情况下，也可以帮助客户创建一致性的磁盘快照，每个磁盘快照都可以认为是一次对数据的全备份。快照还具有快速恢复的功能，用户可以依据存储管理员的定制，定时自动创建快照，通过磁盘差异回退，快速回滚到指定的时间点上来。

2. HDFS 的备份与恢复机制

数据量比较小的时候，备份和恢复数据比较简单，随着数据量达到 PB 级别，备份和恢复如此庞大的数据成为一个棘手的问题。目前，Hadoop 是应用最广泛的大数据软件架构，Hadoop 分布式文件系统 HDFS 可以利用其自身的数据备份和恢复机制来实现数据可靠保护。

（1）数据存储策略。HDFS 将每个文件存储分成数据块存储，除了最后一块，所有数据块的大小是一样的。文件的所有数据块都会保存多个副本来保证数据的容错，用户可以自己设置文件的数据块大小和副本系数。文件任何时候都只能有一个写入操作者，而且文件必须一次性写入。数据的复制全部由控制节点管理，数据节点需要周期性地向它报告心跳①信息和自身的状态，表明自己在正常工作，自身状态包括 CPU、硬盘、数据块的列表等。

HDFS 具有优化的副本保存和备份策略，提高了数据的可靠性、可用性以及集群网络带宽的利用率。

默认的副本存储策略就是把副本存储到不同的机架上，可以保证当一个机架故障时，数据不会丢失，而且读取数据的时候可以充分利用机架的带宽，提供更快的传输速度。通过这种策略，副本会均匀分布到集群里，有效地提高了整个集群的负载均衡。系统默认的副本系数是 3，HDFS 的存放策略是在本地机架的一个数据节点上保存一个副本，本地机架的另外一个数据节点上保存一个副本，其他机架的数据节点上保存一个副本。

（2）安全模式。整个系统在启动的时候，控制节点会进入一个安全模式的特殊状态，此时不允许对数据块进行复制的操作。控制节点此时接收数据节点的心跳信息和块状态报告。其中块状态报告包括了这个数据节点全部的数据块列表。每个数据块都有一个设置的最小副本备份个数。当控制节点检测到数据块的副本备份个数达到设置值的时候，这个数据块就会被认为是副本备份安全的，当达到配置要求比例的数据块被控制节点检测确认是安全之后，再等待 30 s 控制节点就会退出安全模式的状态。之

---

① 心跳机制是定时发送一个自定义的结构体（心跳包），让对方知道自己还"活着"，以确保连接的有效性的机制。

后那些数据块的副本没有达到安全状态的将被复制到其他数据节点上直到达到系统设置的副本备份个数。

大数据环境下，数据的存储一般都使用了 HDFS 自身的备份与恢复机制，但对于核心的数据，远程的容灾备份仍然是必须的。其他额外的数据备份和恢复策略需要根据实际需求来制定，例如，对于统计分析来说，部分数据的丢失并不对统计结果产生重大影响，但对于细节的查询，例如用户上网流量情况的查询，数据的丢失是不可接受的。

（五）身份认证

身份认证是指计算机及网络系统确认操作者身份的过程，也就是证实用户的真实身份与其所声称的身份是否符合的过程。根据被认证方能够证明身份的认证信息，身份认证技术可以分为 3 种。

1. 基于秘密信息的身份认证技术

所谓的秘密信息指用户所拥有的秘密知识，如用户 ID、口令、密钥等。基于秘密信息的身份认证方式包括基于账号和口令的身份认证、基于对称密钥的身份认证、基于密钥分配中心的身份认证、基于公钥的身份认证、基于数字证书的身份认证等。

2. 基于信物的身份认证技术

基于信物的身份认证技术主要有基于信用卡、智能卡、令牌的身份认证等。智能卡也叫令牌卡，实质上是 IC 卡的一种。智能卡的组成部分包括微处理器、存储器、输入/输出部分和软件资源。为了更好地提高性能，通常会有一个分离的加密处理器。

3. 基于生物特征的身份认证技术

基于生物特征的身份认证技术是指基于生理特征（如指纹、声音、虹膜）的身份认证和基于行为特征（如步态、签名）的身份认证等。

四、大数据安全工具介绍

（一）大数据安全工具 Kerberos

1. Kerberos 概述

Kerberos 协议是一种计算机网络授权协议，用于在非安全的网络环境下对个人通信进行加密认证。Kerberos 协议认证过程的实现不依赖于主机操作系统的认证，无须基于主机地址的信任，不要求网络上所有主机的物理安全，并且是以假定网络上传送的数据包可以被任意地读取、修改和插入数据为前提设计的。

Kerberos 设计的目标如下。

（1）用户的密码不能在网络上传输。

（2）用户的密码绝不能以任何形式存储在客户机上，使用后必须立刻销毁。

（3）用户的密码不应该以未加密的形式被存储。

（4）用户在一次工作会话期间只会被要求输入一次密码，因此用户能够在这次会话期间透明地访问所有服务而无须重新输入密码。

（5）认证信息的管理集中在认证服务器上，应用服务器上不能保留用户的身份验证信息。管理员可以通过修改认证服务器的设置来对指定用户的账户进行修改，而不用修改应用服务器；当用户修改密码时，将在所有服务器上生效；没有需要保护的冗余信息；不仅用户需要向应用服务器证明他们的身份，应用服务器在返回时也需要向客户端证明它们的真实性，实现双向验证；在完成身份的验证后，客户端与服务器必须能够建立一个加密的连接，因此 Kerberos 需要为生成和交换加密密钥提供支持。

Kerberos 通过定义用户和服务端所使用的认证身份（principal）来进行访问控制，用户通过 Kerberos 客户端使用自己的认证身份向认证服务器进行身份认证，认证成功后服务器会将表示用户身份的票据（ticket）返回用户，在之后的通信过程中 Kerberos 客户端使用已认证的票据进行安全的通信。

Kerberos 的应用覆盖 Windows、Linux 以及 Mac OS 系统，多用于大型系统、Web 应用、企业网等需要高安全性的系统软件中。微软、苹果、红帽等公司的产品中均使用 Kerberos，它甚至在 X-Box、有线电视产品中也扮演了十分重要的角色。可以说，Kerberos 是计算机网络发展中应用范围最广的认证方式之一。

2. Kerberos 架构

下文将介绍 Kerberos 服务中涉及的各个组件，以此描述 Kerberos 服务的架构。图 4-1 描绘了 Kerberos 的总体架构，它由 Kerberos 服务器 KDC、客户机（client）和应用服务器（application server）组成，其中 KDC 包含了认证服务（authentication service）和票据授权服务（ticket granting service）两种服务。

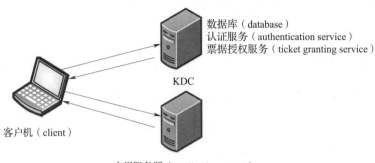

图 4-1　Kerberos 架构

（1）密钥分发中心（KDC，key distribution center）。即通常所说的认证服务器，它是参与用户和服务认证的基本对象。由于它有密钥分配的功能并且可以作为服务接入，因此被称为密钥分发中心，简称 KDC。KDC 通常是一台单独的物理服务器，它可以从逻辑上分为 3 个部分：数据库、认证服务和票据授权服务。

（2）数据库（database）。用于存放用户和服务的记录。Kerberos 的数据库中使用认证身份来命名和引用一条记录。Kerberos 数据库中的记录包含以下内容。

- 记录所关联的认证身份。
- 加密密钥和相关的密钥版权。
- 与认证身份关联的票据的最长有效期。
- 与认证身份关联的票据的最长更新周期。
- 描述票据的参数或标志。
- 密码过期时间。
- 认证身份的过期时间。

（3）应用服务器（application server）。在本章中指所有提供 Hadoop 以及相关服务的主机，应用服务器上需要安装 Kerberos 客户端，在相关服务中开启对 Kerberos 协议的支持，并且对服务所使用的认证身份进行配置。

（4）客户机（client）。用户使用客户机来获得应用服务器提供的各项服务，客户机上需要安装 Kerberos 客户端。在使用时，用户需要先向 KDC 进行身份的认证，才能从应用服务器获得相应的服务。

（5）认证服务（AS，authentication service）。认证服务是 KDC 中用于回复客户端最初的认证请求的部分，如果用户没有认证过，必须输入密码。在回应认证请求时，AS 会授予一个特殊的被称为票据授权的票据。如果用户确实是他们所声称的身份，他们就可以使用 TGT 在无须再次输入密码的情况下获得其他服务的票据。

（6）票据授权服务（TGS，ticket granting service）。票据授权服务是 KDC 中负责根据用户提交的有效 TGT 分配服务票据（service ticket）的组件，同时 TGS 保证向应用服务器请求资源的身份的真实性。TGS 可以被视为一个应用服务器，提供服务票据的功能。

（7）服务票据（ST，service ticket）。服务票据由 KDC 的 TGS 发放，任何一个应用（application）都需要一张有效的服务票据才能访问。如果能正确接收 ST，说明客户机和服务器之间的信任关系已经被建立。ST 通常为一张数字加密的证书。

（8）票据授权票据（TGT，ticket granting ticket）。由 KDC 的 AS 发放。获得这样一张票据后，再申请其他应用的服务票据（ST）时，就不需要向 KDC 提交身份认证信息（credential）。TGT 具有一定的有效期，到期后需要更新来续约。

（9）票据（ticket）。票据是客户端提交给应用服务器用于证明其身份真实性的。票据由认证服务器颁发，并使用所需要的服务端密钥加密。由于服务端密钥只存在于认证服务器与应用服务器之间，获取到该票据的客户端也无法知道服务端密钥，因而也无法对票据进行修改。一张票据中包含了以下的信息：

- 请求用户的认证身份（一般来说是用户名）。
- 用户所请求的服务认证身份。
- 可以使用该票据的客户端 IP 地址（可选）。
- 票据的生效日期与时间（使用时间戳格式）。
- 票据的有效时间。
- 会话密钥（session key）。

每张票据都会有过期时间（通常为 10 小时），这是必要的。虽然认证服务器的管理员可以控制不再发布新的票据，但无法阻止用户使用已经发布的票据。因为认证服务器无法对已经发布的票据进行控制，所以过期时间的设置可以防止票据被滥用。

（10）密钥版本号（KVNO，key version number）。当用户更改密码或管理员更新应用服务器的密钥时，这种修改将会使版本号增加。

3. Kerberos 的风险与缺陷

Kerberos 虽然是一套性能较高的安全加密系统，但若使用不当或疏于管理，同样会遇到风险。本节简要介绍在 Kerberos 使用过程中可能遇到的风险及其缺陷。

（1）单点失败。通过上文对 Kerberos 认证流程的介绍可以发现，Kerberos 服务几乎全部依赖于 KDC 上的服务，一旦 KDC 所在的主机发生故障，将导致所有配置了 Kerberos 的服务无法使用。

目前对于 Kerberos 单点失败的问题，主要通过以下两种方法来弥补。

1）复合 Kerberos 服务器。顾名思义，即使用多台服务器以备用服务器或分布式服务器的形式代替原本单一 KDC 的方法，这种方法能够在一定程度上减少 KDC 故障崩溃后对整个系统的影响。

2）后备认证机制。后备认证机制指的是当一种首选的认证方法失败后，启用预先准备好的次要认证方法的机制。通常这些机制需要相对应的服务软件提供支持，一些成熟的服务软件能够支持多种认证方式，并提供后备认证机制，以此来减少故障后的影响。

（2）时钟同步。Kerberos 认证机制中，认证服务器要求所有参与的主机时间同步。同时，票据存在有效期，如果客户端与服务端的时钟不同步，则会导致认证失败。麻省理工学院给出的默认配置中，要求时钟偏差不能超过 5 分钟。在实际使用过程中，通常会使用网络时间协议守护进程（network time protocol daemons）来保证时间的同步。然而大多数情况下，网络时间协议的安全性并不高，一旦主机的时间发生错误，就很有可能影响整个系统的运作。

（3）安全依赖。虽然 Kerberos 能够让主机间的通信变得更为安全，但那仅仅是对于使用 Kerberos 加密协议进行通信的软件。如果搭载了 Kerberos 的主机本身安全性薄弱，导致发生被攻击者入侵或主机账号被盗取等情况，Kerberos 为系统软件提供的保护极有可能因为本地 Keytab 文件被盗取等原因而失效。

（4）集中式管理。KDC 管理着所有用户与服务的认证身份以及密码，在大型分布式系统中，可能存在多个作用域、多个认证服务器的情况，域之间会话密钥的数量惊人，这对于密钥的管理、分配和存储，以及主机的负载都将是严峻的挑战。

（5）krbtgt 账户。krbtgt 是 KDC 的服务账户，在每一个域中都存在一个 krbtgt 账户。krbtgt 账户用来创建 TGT 的加密密钥。在 Kerberos 的认证机制中，使用 krbtgt 生成的密钥来加密 TGT，因此理论上只有两方能够解密 TGT，而只要能够正确地解密 TGT，Kerberos 就会认为其中的信息是可信的。

在这个前提下，Kerberos 中的 krbtgt 账户是唯一的密码不会自动更新的账户，只有在主机进行灾害恢复，或作用域进行功能升级导致账户变动时才会更新。因此在长期使用的情况下，如果 krbtgt 的账户密码被盗取，则可能会产生严重的安全问题。

（二）大数据安全工具 Sentry

随着 Hadoop 生态系统的广泛部署，会有 TB、PB 甚至 EB 量级的数据存储在 Hadoop 集群中，如此庞大的数量，其安全就显得格外重要。虽然 Hadoop 在文件系统级别有很强的安全性，但它缺乏更细粒度的数据读取权限控制。这个问题强迫用户做出抉择：保护整个文件数据或完全不保护。通常采用的前一种方案极大地抑制了 Hadoop 中数据的读取。而 Sentry 提供了对存储在 Hadoop 集群上的数据和元数据执行基于细粒度角色授权的功能。

1. Sentry 概述

Sentry 是一个用于 Hadoop 生态系统的细粒度授权系统。Sentry 和 Ranger 类似，对 Hadoop 生态系统上的组件，如 Hive、Impala 等进行细粒度的数据访问控制，对 Hadoop 集群上经过身份验证的用户和应用程序的数据提供控制和实施精确的权限控制的功能。在 Hadoop 生态系统现有的组映射环境下，只需通过对 Sentry 独有的角色（role）进行操作，即可轻松实现权限的管理。

与 Hadoop 原生文件权限控制系统相比，Sentry 的功能特性有一些独特之处，下面对一些关键概念进行分析。

（1）对象（object）。原生 Hadoop 的权限控制是文件层级的，而通过 Sentry 授权规则保护的对象则具有更丰富的层级，如服务器、数据库、表等，其层级关系如图 4-2 所示。

（2）验证（authentication）。如果 Hadoop 的所有配置都是默认的话，Hadoop 不会验证用户。如果用户发起一个请求，声称自己是超级用户，Hadoop 都会说"Ok, I believe that"，允许用户做任何超级用户可以做的事。而 Sentry 依赖底层认证系统，如 Kerberos 或 LDAP，通过验证凭据可靠地识别用户，这极大地增强系统安全性。

图 4-2　对象层级关系

（3）授权（authorization）。限制用户对给定资源的访问，在 Hadoop 中授权的实体为用户，而 Sentry 是基于角色进行访问控制的，授权的实体是角色，这是一种强大的机制，适用于管理大量用户和数据对象的授权。

（4）用户（user）。在 Hadoop 和 Sentry 中均是由系统识别个人的，区别在于上面介绍的验证方式不同。

（5）组（group）。由认证系统维护的一组用户，Sentry 使用在 Hadoop 中配置的组映射机制，以确保 Sentry 看到与 Hadoop 生态系统的其他组件相同的组映射。

（6）特权（privilege）。允许访问对象的指令或规则，在 Hadoop 中对于文件具有读、写两级特权，见表 4-1。在 Sentry 中，不同对象可以拥有的特权级别略有不同。

表 4-1　　　　　　　　　　特权与对象对应关系表

特权	对象
INSERT	数据库，表
SELECT	数据库，表，列
ALL	服务器，数据库，表，URI

（7）角色（role）。Sentry 独有的特征，为一组特权的集合，或者理解为组合多个访问规则的模板。

（8）授权模型（authorization models）。要定义接受授权规则的对象和允许的操作粒度，Sentry 能够比 Hadoop 实现更细粒度的授权模型，例如，在 SQL 模型中，对象可以是数据库或表，操作是选择、插入、创建等。对于搜索模型，对象可以是索引、集合和文档，操作可以为查询、更新等。

通俗地说，借助 Apache Sentry 提供的功能，用户可以在 Hadoop 平台使用更加简洁的方法更有效地完成繁杂而琐碎的文件保护工作。假设在一个销售部门中，经理老赵对业绩表有读写特权，要求部员张三、李四有业绩表的读特权，在原有 Hadoop 环境中，将部员和经理设置在同一组中，将老赵设置为表的拥有者，即可达到目的。此时，经理的秘书王五有业绩表的读写特权，但是不能拥有经理用户对其他文件的其他特权。在使用了 Sentry 的 Hadoop 环境中，只需要设置一个对业绩表有读写特权的角色 1 和只有读特权的角色 2，将经理老赵和秘书王五与角色 1 连接，将部员与角色 2 连接，即可达到权限设置的目的。可以看到，这种权限管理方式在简化权限管理的同时体现出极大的灵活性与高可扩展性，能够为企业和政府用户实现更结构化、更易扩展的权限管理和文件保护的目标。为了实现这些功能，与 Ranger 类似，Apache Sentry 也使用了插件—服务器的结构进行权限管理。Apache Sentry 通过挂钩（hook）将插件嵌入需要数据保护的单个 Hadoop 组件中，拦截操作请求并进行权限验证。为了实现 Sentry 可扩展的设计目标，它使用结合层（binding）来标准化授权请求，使得授权验证可以面向多种数据引擎。

2. Sentry 架构

Sentry 和 Hadoop 生态系统集成的示例图如图 4-3 所示。

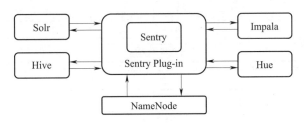

图 4-3　Sentry 与 Hadoop 生态系统集成

可以看到，Sentry 主要由如图 4-4 所示的 3 个组件组成，存在于集成配置中。

（1）Sentry 服务器。Sentry 服务器管理授权元数据，它支持安全检索和操作元数据的接口。

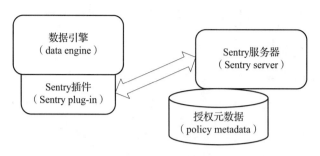

图 4-4　Sentry 组件

（2）数据引擎。这是需要授权访问数据或元数据的数据处理程序，例如 Hive 和 Impala。数据引擎加载 Sentry 插件，并且拦截所有访问资源的客户端请求，然后由 Sentry 插件进行验证。

（3）Sentry 插件。Sentry 插件在数据引擎中运行，它提供了操作存储在 Sentry 服务器中的授权元数据的接口，并且包括使用从服务器检索的授权元数据评估访问请求的授权策略引擎。

实际上，Sentry 服务器的主要目的只是管理元数据，真正的授权决策由 Sentry 插件中的策略引擎做出。

Sentry 架构中包含 3 个重要的层次如图 4-5 所示。

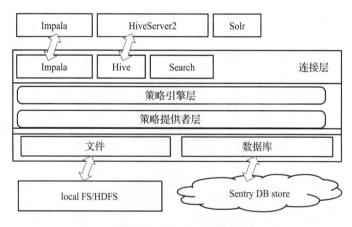

图 4-5　Sentry 架构图

（1）连接层。Sentry 的策略引擎作为 Sentry 插件的一部分，由 Hive 等数据引擎调用，而连接层模块则是数据引擎和 Sentry 授权之间的桥梁，负责以请求者原生格式获取授权请求，并将其转换为可由 Sentry 策略引擎处理的授权请求。在与数据引擎集成时，Sentry 将自己的 Hook 函数插入各 SQL 引擎的编译、执行不同阶段，Hook 函数收集 SQL 语句执行的对象、操作等信息，同时连接层将这些信息转换为 Sentry 授权请求，并将其传递给策略引擎层。

（2）策略引擎层。这是 Sentry 授权的核心，策略引擎层从连接层获取请求的特权，并从策略提供者层获取所需的特权。它比较请求的权限和所需的权限，并决定是否允许操作。

（3）策略提供者层。这是使授权元数据可用于策略引擎层的抽象。这允许元数据的使用与其存储方式无关。目前 Sentry 支持基于文件的存储和基于关系型数据库的存储。

基于文件的方案是将元数据存储在 ini 格式的文件中。该文件可以存储在本地文件系统或者 HDFS 中，文件内包含了组与角色、角色与特权间的两组映射。但是文件难以使用编程方式修改，修改过程会存在资源竞争，不利于维护。同时 Hive 和 Impala 需要提供工业标准的 SQL 接口来管理授权策略，要求能够使用编程方式进行管理。如图 4-6 所示，在基于关系型数据库存储方式中，Sentry Policy Store 和 Sentry Service 将角色与特权、组与角色间的映射持久化到关系数据库管理系统中，并提供创建、查询、更新和删除的编程接口。这使得 Sentry 的客户端可以并行和安全地获取和修改权限。

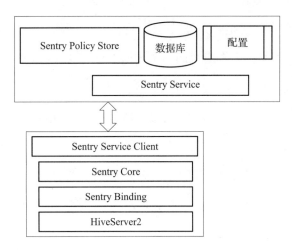

图 4-6　Sentry 元数据基于关系数据库管理系统的存储

3. Sentry 技术优势

由于 Hadoop 缺少书面的安全、合规、加密、政策支持和风险管理等协议，其安全性问题导致使用者往往无法存储非常敏感的数据。这些年来，国外各大厂商纷纷力求通过各自的核心技术或解决方案做出瞩目的开发成果来弥补 Hadoop 的安全漏洞。而同样作为 Apache 项目之一的 Cloudera Sentry，因其出色的规范性、安全的授权机制、细粒度的访问控制、基于角色的管理、多租户管理、统一平台等特点，在市场上脱颖而出。

（1）出色的规范性。Sentry 在开发过程中考虑到很多国际法案，为其规范性提供了依据。

（2）安全的授权机制。Cloudera 刚推出的 Record Service 组件在一定程度上使得 Sentry 在安全方面有了保障。Record Service 不仅提供了跨所有组件一致性的安全颗粒度，而且提供了基于 Record 的底层抽象，为上层的应用和下层存储在解耦合的同时，提供了跨组件的可复用数据模型。

在分布式系统中，Sentry 通常与 Kerberos 认证结合使用，Kerberos 认证定义允许哪些主机连接到服务器上，Sentry 对已通过验证的用户提供数据访问特权。使用 Sentry 和 Kerberos 的组合可防止恶意用户通过在不受信任的计算机上创建命名账户来获取服务器上的敏感数据。管理员也可以通过 Sentry 和带选择语句的视图或 UDF，根据需要在文件内屏蔽数据。

（3）细粒度的访问控制。由于 HDFS 访问控制级别通常基于文件层次，因此对于某个文件的访问，用户往往是要么可以访问全部内容，要么就任何信息都得不到。此外，HDFS 权限模式不允许多个组对同一个数据集有不同级别的访问权限。

Sentry 是 Hadoop 生态中负责跨组件统一访问控制的安全解决方案。Record Service 和 Sentry 等组件结合，提供了对整个平台的细粒度的统一访问控制策略，消除了 Hive、HBase 等组件分散而差异的访问粒度控制。服务的对象层次结构涵盖服务器、URL、数据库、视图、表和列，对其提供不同特权等级的访问控制，包括查询、插入、创建或修改等。此外，在对象实际存在之前为表或视图指定特权，可以避免敏感信息泄露。例如：当对一个表使用 LOAD DATA 语句时，如果没有足够的权限来执行操作，则错误消息不会公开对象是否存在。

（4）基于角色的管理。在 Sentry 中，只能通过给角色授予其相应的权限集来进行权限管理。也就是说，读者可以规定具有该角色的用户可以访问哪些对象，以及他们可以对这些对象执行哪些操作，还可以轻易地将访问同一数据集的不同特权级别授予多个组。因此，Sentry 存在一条清晰的映射关系，权限→角色→用户组→用户。从权限到角色，从角色再到用户组都是通过 grant/revoke 的 SQL 语句来实现的。而从用户组到用户则通过 Hadoop 自身的用户/组映射自动授予。

与其他 RBAC 系统一样，Sentry 提供了以下功能。

• 有层次结构的对象，自动地从上层对象继承权限。

• 包含了一组多个对象/权限对的规则。

• 用户组可以被授予一个或多个角色。

• 用户可以被指定到一个或多个用户组中。

（5）多租户管理。Sentry 可以创建及管理租户基本信息，并为租户分配计算资源和存储资源，为租户分配相应的权限模型。在 Hive/Impala 的情况下，Sentry 可以在数据库/schema 级别进行权限管理。

允许多个用户同时共用一个应用程序或运算环境，并且仍可确保各用户间数据的隔离性。

监控租户资源的使用情况，包括当前 CPU、内存资源的使用，以及历史使用情况、存储资源的占用及空闲情况、租户下运行作业情况等。

（6）统一平台。Sentry 为确保数据安全，提供了一个统一平台，使用现有的 Hadoop Kerberos 实现安全认证。同时，Sentry 使用多个 Hadoop 组件，核心为 Sentry 服务器，它存储授权元数据，并为工具提供安全检索和修改此元数据的 API。如图 4-7 所示，Sentry 已经可以支持 Kafka、Solr 和 Sqoop，通过 Hive 或 Impala 访问数据时可以使用同样的 Sentry 协议。

1）Hive 和 Sentry

在实际中，授权决策是由在 Hive 或 Impala 的数据处理应用中运行的策略引擎进行的。Hive 加载 Sentry 插件，包括用于处理 Sentry 服务的服务客户端和用于验证授权请求的策略引擎。例如，用户提交以下 Hive 查询：

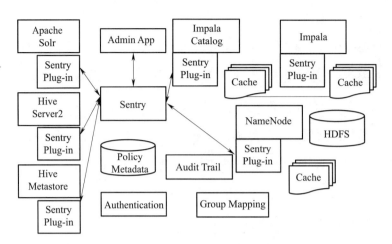

图 4-7　Sentry 与 Hive 的集成关系

```
select * from production.sales;
```

其要点如下。

• Sentry 要求将 HiveServer2 配置为使用强认证。HiveServer2 支持 Kerberos 以及 LDAP 身份验证机制。

• 在 Sentry 授权级别，支持两种用户组映射形式。

• HadoopGroup 映射使用底层的 Hadoop 组。

• Hadoop 组又支持基于 Shell 的映射以及 LDAP 组映射。

• LocalGroups 中的用户和组可以使用［users］部分在策略文件中本地定义（仅用于测试目的）。

2）Impala 和 Sentry

Impala 中的授权处理类似于 Hive 中的处理，主要区别是缓存特权。Impala 的目录服务器管理缓存模式元数据，并将其传播到所有 Impala 服务器节点。此目录服务器还缓存 Sentry 元数据。因此，Impala 中的授权验证在本地发生，并且速度更快。

3）HDFS 和 Sentry

CDH（Cloudera 公司出品的分布式 Hadoop 平台）5.3 之后的版本中包含的大型功能之一是与 HDFS 的 Sentry 集成，使客户能够轻松地在 Hive、Impala 和与 HDFS 交互的其他 Hadoop 组件之间共享数据，节省了大量工作。同时确保用户访问权限只需要设置一次，并且它们被统一实施。

4）Search 和 Sentry

Sentry 可以对各种搜索任务应用一系列限制，例如访问数据或创建集合。无论用户尝试完成操作的方式如何，都会一律应用这些限制。例如，限制对集合中的数据的访问会限制来自命令行、浏览器或通过管理控制台访问查询。

第二节　大数据认证 Kerberos

一、Kerberos 的认证流程

本节将认证过程中被传递的数据包进行说明，以此来描述 Kerberos 认证的简要流程。需要强调的是，应用服务器在整个过程中不会直接与 KDC 进行通信，服务票据、TGS 等数据全部由客户端发送至它们所需要的应用服务器。

Kerberos 认证流程如图 4-8 所示。

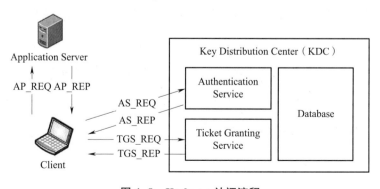

图 4-8　Kerberos 认证流程

客户端传输的数据包顺序是从上至下，其中数据包内容如下。

（1）AS_REQ：AS_REQ 是最初的用户认证请求，由 kinit 命令生成。这个信息指向 KDC 中的 AS 服务。

（2）AS_REP：AS_REP 是 AS 服务对先前请求的答复，它主要包含 TGT（使用 TGS 密钥加密）和会话密钥 SK_TGS（使用请求认证的用户密钥加密）。

（3）TGS_REQ：TGS_REQ 是客户端向 TGS 服务请求服务票据（ST）的请求包。这个数据包含了之前的 TGT 数据以及一个由会话密钥加密过的客户端身份凭证。

（4）TGS_REP：TGS_REP 是 TGS 服务对之前请求的答复。其中包含了客户端所请求的服务票据（使用服务密钥加密）以及一个由 TGS 生成的会话密钥 SK_Service（使用之前 AS 服务生成的会话密钥加密）。

（5）AP_REQ：AP_REQ 是客户端发送给应用服务器用于使用服务的请求。其中包含了之前从 TGS 服务请求到的服务票据以及由客户端生成的身份凭证，但这次使用由 TGS 生成的会话密钥（SK_Service）加密。

（6）AP_REP：AP_REP 由应用服务器发送给客户端，证明自己确实是用户所请求的服务端。这个数据包是可选的，只有在使用了相互认证机制时客户端才会请求这个数据包。

认证的具体流程如下。

（1）客户端向 KDC 中的 AS 服务发送 AS_REQ 请求身份验证，AS 服务返回 AS_REP，其中包括为用户和 TGS 生成的一个会话密钥 SK_TGS，并发送使用用户密钥加密的 TGT、SK_TGS。这个请求验证的过程实际上是使用 kinit 命令来完成的，kinit 将用户名传给 AS 服务，AS 服务查找用户名的密码，将 TGT 和 SK_TGS 使用用户密码加密后发送给 kinit，kinit 要求用户输入密码，解密后得到 TGT 和 SK。其中，TGT 使用 TGS 的密钥加密。

（2）客户端向 KDC 中的 TGS 服务发送 TGS_REQ，请求访问某个应用服务器的服务票据（ST），发送 TGT 和身份凭证。其中，身份凭证用于验证发送该请求的用户就是 TGT 中所声明的，身份凭证是使用 TGS 和用户之间的会话密钥 SK 加密的，防止 TGT 被盗。TGS 先使用自己的密钥解开 TGT，获得它与用户之间的会话密钥，然后使用 SK 解密身份凭证，验证用户和有效期。

（3）TGS 判断无误后，为用户和应用服务器之间生成一个新的会话密钥：SK_ Service，然后发送 TGS_REP 给用户，其中包括 SK_Service 和服务票据。其中，服务票据是使用应用服务器的密钥加密的，SK_Service 使用 TGS 和用户之间的会话密钥（SK_TGS）加密的。

（4）用户使用与 TGS 之间的会话密钥 SK_TGS 解开包得到与应用服务器之间的会话秘钥 SK_Service，然后使用 SK_Service 生成一个身份凭证，向应用服务器发送 AP_ REQ，其中包括服务票据（ST）和身份凭证。其中，此处的身份凭证是使用用户和应用服务器之间的会话密钥（SK_Service）加密的，应用服务器收到后先使用服务器的密钥解密服务票据（ST），或者会话密钥（SK_Service），然后使用会话密钥（SK_ Service）解密身份凭证来验证发送请求的用户就是票据中所声明的用户。

（5）应用服务器向用户发送一个数据包 AP_REP，以证明自己的身份，这个包使用会话密钥（SK_Service）加密。客户端会等待应用服务器发送确认信息，如果不是正确的应用服务器，就无法解开 ST，也就无法获得会话密钥，从而避免用户使用错误的服务器。此后用户与应用服务器之间使用 SK_Service 进行通信，且在 TGT 有效期内，用户将跳过第 1 步的身份验证，直接从第 2 步使用 TGT 向 TGS 证明自己的身份。

二、Linux 环境 Kerberos 认证

（一）环境介绍

本节使用的 Kerberos 是 CDH 版本的 Kerberos，CDH 是由 Cloudera 进行开发的大数据一站式平台管理解决方案，是基于 Hadoop 生态的第三方发行版本，使用 CDH 版本有如下的好处：

1. 组件兼容

原生版本：大数据集群经常面临复杂的生态环境。在 Hadoop 生态圈中，组件的选择、使用需要大量考虑兼容性的问题，还需考虑版本是否兼容，组件是否有冲突，编译是否能通过等，经常会浪费大量的时间去编译组件，解决版本冲突问题。

CDH 版本：CDH 每个版本都会有兼容认证，都是经过严格的测试之后公布的，理论上来说只要统一 CDH 版本就不会出现兼容问题。

2. 版本稳定安全

原生版本：不同的版本会有不同的漏洞，很容易被利用，又不敢轻易更新。

CDH 版本：版本更新快。比如 CDH 每个季度会有一个更新，每一年会有一个新版本发布。

3. 配置管理简单

原生版本：需要复杂的集群部署、安装、配置。通常按照集群需要编写大量的配置文件，分发到每一台节点上，容易出错，效率低下，还需要大量查阅资料文档。

CDH 版本：支持统一的网页进行安装配置，具有非常详细的文档以及配置的分类注解以及推荐配置（基本都已经是最优配置）。

4. 资源监控管理运维简单

原生版本：需要复杂的集群运维。对集群的监控、运维，需要安装第三方软件运维难度较大。

CDH 版本：运维简单。提供了管理、监控、诊断、配置修改的工具，管理配置方便，定位问题快速、准确，使运维工作简单、有效。

5. 提供稳定的企业服务

原生版本：只能求助社区的帮助，响应差，解决问题需要碰运气。

CDH 版本：代码基于 Apache 协议且 100% 开源，同时提供企业付费服务一对一支持。

（二）Kerberos 服务启动

启动 krb5kdc。

[root@ master ~]# systemctl start krb5kd	
正在启动 Kerberos 5 KDC：	[确定]

启动 kadmin。

[root@ master ~]# systemctl start kadmin	
正在启动 Kerberos 5 Admin Server：	[确定]

设置开机自启。

```
[root@ master ~]# systemctl enable krb5kdc
```

查看是否设置为开机自启。

```
[root@ master ~]# systemctl is-enabled krb5kdc

[root@ master ~]# systemctl enable kadmin
```

注意：启动失败时可以通过/var/log/krb5kdc. log 和/var/log/kadmind. log 来查看。

（三）Kerberos 数据库操作

创建管理员主体实例。

```
[root@ master ~]# kadmin.local -q "addprinc admin/admin"

Authenticating as principal root/admin@ HADOOP.COM with password.

WARNING: no policy specified for admin/admin@HADOOP.COM; defaulting to no policy

Enter password for principal "admin/admin@ HADOOP.COM":  （输入密码）

Re-enter password for principal "admin/admin@ HADOOP.COM":  （确认密码）

Principal "admin/admin@ HADOOP.COM" created.
```

1. 登录 Kerberos 数据库

本地登录（无须认证）。

```
[root@ master ~]# kadmin.local

Authenticating as principal root/admin@ HADOOP.COM with password.

kadmin.local:
```

远程登录（需进行主体认证，先认证刚刚创建的管理员主体）。

```
[root@ slave1 ~]# kadmin

Authenticating as principal admin/admin@ HADOOP.COM with password.

Password for admin/admin@ HADOOP.COM:

kadmin:
```

2. 创建 Kerberos 主体 newland

```
[root@master ~]# kadmin.local -q "addprinc newland/newland"

Authenticating as principal root/admin@HADOOP.COM with password.

WARNING: no policy specified for newland/newland@HADOOP.COM; defaulting to no policy

Enter password for principal "newland/newland@HADOOP.COM": （输入密码）

Re-enter password for principal "newland/newland@HADOOP.COM": （输入密码）

Principal "admin/admin@HADOOP.COM" created.
```

3. 修改主体密码

```
[root@master ~]# kadmin.local -q "cpw newland/newland"

Authenticating as principal root/admin@HADOOP.COM with password.

Enter password for principal "newland/newland@HADOOP.COM": （输入密码）

Re-enter password for principal "newland/newland@HADOOP.COM": （输入密码）

Password for "newland/newland@HADOOP.COM" changed.
```

4. 查看所有主体

```
[root@master ~]# kadmin.local -q "list_principals"

Authenticating as principal root/admin@HADOOP.COM with password.

K/M@HADOOP.COM

admin/admin@HADOOP.COM

newland/newland@HADOOP.COM

kadmin/admin@HADOOP.COM

kadmin/changepw@HADOOP.COM

kadmin/master@HADOOP.COM

kiprop/master@HADOOP.COM

krbtgt/HADOOP.COM@HADOOP.COM
```

（四）Kerberos 主体认证

Kerberos 提供了两种认证方式，一种是通过输入密码认证，另一种是通过 keytab 密钥文件认证，但两种方式不可同时使用。

1. 密码认证

使用 kinit 进行主体认证。

```
[root@ master ~]# kinit newland/newland

Password for admin/admin@ HADOOP.COM:
```

查看认证凭证。

```
[root@ master ~]# klist

Ticket cache: FILE:/tmp/krb5cc_0

Default principal: newland/newland@ HADOOP.COM

Valid starting          Expires                 Service principal

10/27/2020 18:23:57   10/28/2020 18:23:57    krbtgt/HADOOP.COM@ HADOOP.COM

renew until 11/03/2020 18:23:57
```

2. keytab 密钥文件认证

生成主体 admin/admin 的 keytab 文件到指定目录/root/admin.keytab。

```
[root@ master ~]# kadmin. local -q "xst -k /root/newland.keytab newland/newland@
HADOOP.COM"
```

使用 keytab 进行认证。

```
[root@ master ~]# kinit -kt /root/newland.keytab newland/newland
```

查看认证凭证。

```
[root@ master ~]# klist

Ticket cache: FILE:/tmp/krb5cc_0

Default principal: newland/newland@ HADOOP.COM
```

Valid starting	Expires	Service principal
02/26/2021 22:16:36	02/27/2021 22:16:36	krbtgt/HADOOP.COM@ HADOOP.COM

销毁凭证。

```
[root@ master ~]# kdestroy
```

（五）CDH 启用 Kerberos 安全认证

为 CM 创建管理员主体实例。

```
[root@ master ~]# kadmin. local -q "addprinc cloudera-scm/admin"

Authenticating as principal root/admin@ HADOOP.COM with password.

WARNING: no policy specified for cloudera-scm/admin @ HADOOP.COM; defaulting to
no policy

Enter password for principal "cloudera-scm/admin @ HADOOP.COM":（输入密码）

Re-enter password for principal "cloudera-scm/admin @ HADOOP.COM":（确认密码）

Principal " cloudera-scm/admin @ HADOOP.COM" created.
```

CDH 配置 Kerberos：

点击启动 Kerberos，如图 4-9 所示。然后一步步按照指引操作：安装环境确认（勾

图 4-9　点击启动 Kerberos

选全部），填写配置中 Kerberos 加密类型：aes128-cts、des3-hmac-sha1、arcfour-hmac，

KRB5 配置请不要勾选，填写创建的 CM 管理员主体的主体名和密码，等待导入 KDC，

端口号不做修改，最后等待配置生效，并重启完成。

安装成功后，查看主体。

```
[root@ master ~]# kadmin.local -q "list_principals"

Authenticating as principal cloudera-scm/admin@ HADOOP.COM with password.

HTTP/master@ HADOOP.COM

HTTP/slave1@ HADOOP.COM

HTTP/slave2@ HADOOP.COM

K/M@ HADOOP.COM

admin/admin@ HADOOP.COM

newland@ HADOOP.COM

cloudera-scm/admin@ HADOOP.COM

hdfs/master@ HADOOP.COM

hdfs/slave1@ HADOOP.COM

hdfs/slave2@ HADOOP.COM

hive/master@ HADOOP.COM

hue/master@ HADOOP.COM

kadmin/admin@ HADOOP.COM

kadmin/changepw@ HADOOP.COM

kadmin/master@ HADOOP.COM

krbtgt/HADOOP.COM@ HADOOP.COM

mapred/master@ HADOOP.COM

sentry/master@ HADOOP.COM

yarn/master@ HADOOP.COM

yarn/slave1@ HADOOP.COM
```

yarn/slave2@ HADOOP.COM
zookeeper/master@ HADOOP.COM
zookeeper/slave1@ HADOOP.COM
zookeeper/slave2@ HADOOP.COM

（六）用户访问服务认证

开启 Kerberos 安全认证之后，日常的访问服务（例如访问 HDFS）都需要先进行安全认证。

在 Kerberos 数据库中创建用户主体实例。

```
[root@ master ~]# kadmin.local -q "addprinc hive/hive@ HADOOP.COM"
```

HDFS 用户 Kerberos 验证测试（HDFS 根目录有读写权限）。

HDFS/admin 用户身份认证。

```
[root@ master ~]# kinit hdfs/admin
Password for hdfs/admin@ HADOOP.COM:
```

HDFS 用户创建 HDFS 目录。

```
[root@ master ~]# hdfs dfs -mkdir /test
```

HDFS 用户查看根目录。

```
[root@ master ~]# hdfs dfs -ls /
Found 4 items
drwxr-xr-x    -hdfs supergroup          0 2021-02-27 09:50 /test
drwxrwxrwt    -hdfs supergroup          0 2021-02-24 15:13 /tmp
drwxr-xr-x    -hdfs supergroup          0 2021-02-24 21:14 /user
drwxrwx--x    -hive hive                0 2021-02-24 21:25
```

Hive 用户 Kerberos 验证测试（有查看权限，根目录下无写权限）。

Hive 身份认证。

[root@ master ~]# kinit hive/hive@ HADOOP.COM
[root@ master ~]# klist
Ticket cache: FILE:/tmp/krb5cc_0
Default principal: hive/hive@ HADOOP.COM
Valid starting   Expires   Service principal
02/27/2021 09:30:21   02/28/2021 09:30:21   krbtgt/HADOOP.COM@ HADOOP.COM
renew until 03/06/2021 09:30:21

查看 HDFS 根目录。

[root@ master ~]# hdfs dfs - ls /
Found 3 items
drwxrwxrwt   -hdfs supergroup   0 2021-02-24 15:13 /tmp
drwxr-xr-x   -hdfs supergroup   0 2021-02-24 21:14 /user
drwxrwx--x   -hive hive   0 2021-02-24 21:25 /warehouse

HDFS 根目录下创建目录。

[root@ master ~]# hdfs dfs -mkdir /test
mkdir: Permission denied: user = hive, access = WRITE, inode = "/":hdfs:supergroup:drwxr -xr-x

三、Windows 环境 Kerberos 认证

CDH 在启用 Kerberos 后，通过 Hadoop 的 50070 端口查看 HDFS 文件信息时，会报权限问题，如图 4-10 所示。

这时需要设置本地的 Kerberos 验证。

注意：由于浏览器限制问题，这里使用火狐浏览器，其他如谷歌、IE 等均会出现问题，这里以火狐浏览器为例。

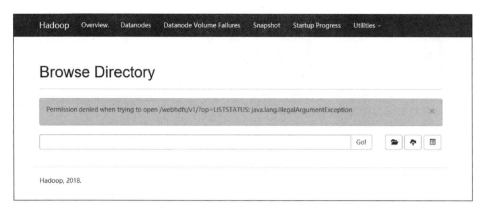

图 4-10　Web 无法访问 HDFS

（一）下载火狐浏览器

（二）设置浏览器

（1）打开火狐浏览器，在地址栏输入：about：config，进入设置页面，点击接受风险并继续，如图 4-11 所示。

图 4-11　火狐浏览器参数修改

（2）搜索"network. negotiate-auth. trusted-uris"，修改值为自己的服务器主机名，如图 4-12 所示，在此之前要在 C：\Windows\System32\drivers\etc\hosts 文件中添加主节点对应 IP。

图 4-12　火狐浏览器 network. negotiate-auth. trusted-uris 设置

（3）搜索"network. auth. use-sspi"，双击将值变为 false，如图 4-13 所示。

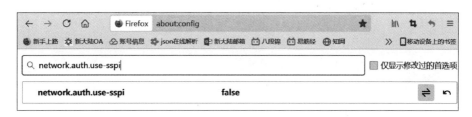

图 4-13　火狐浏览器 network. auth. use-sspi 设置

（三）安装 kfw

（1）安装提供的 kfw-4. 1-amd64. msi。

（2）将集群的/etc/krb5. conf 文件的内容复制到 C：\ ProgramData \ MIT　Kerberos5 \ krb. ini 中，删除和路径相关的配置。

```
C:\ProgramData\MIT\Kerberos5\krb. ini

[logging]

  [libdefaults]

    default_realm = HADOOP.COM

    dns_lookup_realm = false

    dns_lookup_kdc = false

    ticket_lifetime = 24h

    renew_lifetime = 7d

    forwardable = true

    udp_preference_limit = 1

[realms]

  HADOOP.COM  = {

    kdc = master

    admin_server = master

  }

[domain_realm]
```

（四）运行 MIT Kerberos

打开 MIT，输入主体名和密码，如图 4-14 所示。

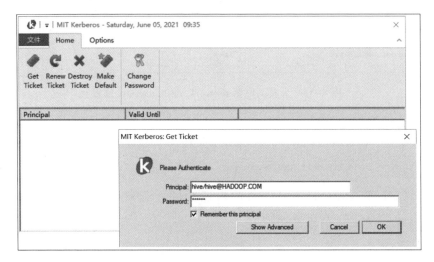

图 4-14　MIT Kerberos Ticket Manager 启动

（五）Windows 环境查看 HDFS

通过 Hadoop 的 50070 端口，在 Web 页面查看 HDFS，如图 4-15 所示。

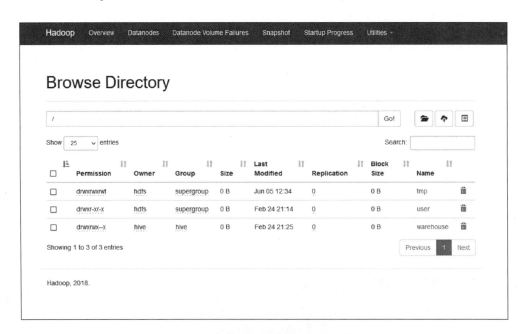

图 4-15　Web 页面查看 HDFS 目录

第三节 大数据权限管理

Sentry 是 Cloudera 公司发布的一个 Hadoop 开源组件，它提供了细粒度级、基于角色的授权以及多租户的管理模式。

Sentry 提供了对 Hadoop 集群上经过身份验证的用户和应用程序的数据控制和强制执行精确级别权限的功能。Sentry 目前可以与 Hive，Hive Metastore/HCatalog，Solr，Impala 和 HDFS（仅限于 Hive 表数据）一起使用，我们这里重点讲 Sentry 对 Hive 权限的管理。

一、Hive 中的 Sentry 配置

（一）取消 HiveServer2 用户模拟

在 Hive 配置项中搜索"HiveServer2 启用模拟"，取消勾选，如图 4-16 所示。

图 4-16 启用 HiveServer2 模拟

（二）确保 Hive 用户能够提交 MapReduce 任务

在 Yarn 配置项中搜索"允许的系统用户"，确保包含"hive"，如图 4-17 所示。

图 4-17　Hive 用户确认

（三）配置 Hive 中的操作

在 Hive 配置项中搜索"启用数据库中的存储通知"，勾选"Hive Metastore Default Group"，如图 4-18 所示。

图 4-18　启动存储通知

在 Hive 配置项中搜索"Sentry"，勾选"Sentry"，如图 4-19 所示。

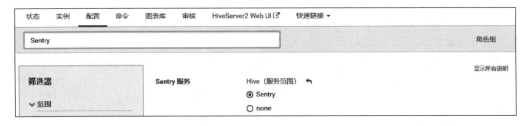

图 4-19　Hive 中启动 Sentry

（四）HDFS 中的配置

权限设置：在 HDFS 配置项中搜索"启用访问控制列表"，勾选，如图 4－20 所示。

图 4-20　启动 HDFS 访问控制列表

在 HDFS 配置项中搜索"启用 Sentry 同步",勾选 HDFS 服务,如图 4-21 所示。

图 4-21　HDFS 启动 Sentry 同步

(五)Hue 中的配置

在 Hue 配置项中搜索"Sentry",勾选 Sentry,如图 4-22 所示。

图 4-22　Hue 中启动 Sentry

查看 Sentry 权限管理中的管理员组:在 Sentry 的配置项中搜索"管理员组",其中包括 Hive、Impala，只有当某用户所属组位于其中时，才可为其他用户授予权限，如图 4-23 所示。

图 4-23　Sentry 管理员组 Hive 用户确认

二、Sentry 权限管理的机制

Sentry 权限管理的方式，不是把权限直接赋予给用户，而是把角色赋予到指定的组。Sentry 的管理对象有两个：组，角色。组就是多个用户的集合，角色是多个操作权限的集合，操作权限不能独立存在，必须对应到具体的实体上，比如 Hive 中的库、表及字段、HDFS 上的文件，如图 4-24 所示。

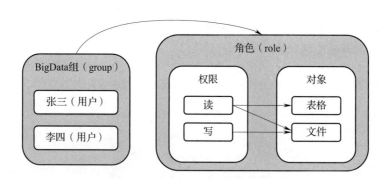

图 4-24　Sentry 权限管理机制

假如现在要给员工张三和李四赋予读取某 Hive 表的权限，首先需要创建用户张三和李四，创建一个 BigData 组并把用户添加到组里，然后创建角色，在角色中添加读取某张表的权限，最后把角色对应到创建的 BigData 组。

三、Hive 中使用 Sentry 进行授权

使用 Sentry 进行授权管理，需要 Sentry 的管理员用户对其他用户进行授权，授权的方式有两种，一种是通过 Hue 进行可视化操作，另一种是使用 Hive 中的授权语句进行操作。

（一）通过 Hue 进行 Sentry 操作

1. 创建用户组

使用 Hive 用户登录 Hue，创建两个用户组 reader、writer，并在两个用户组下创建两个用户 reader、writer，为权限测试做准备，如图 4-25 所示。

图 4-25　管理用户

选择组，添加用户组，如图 4-26 所示，添加 reader 和 writer 用户组，如图 4-27 所示。

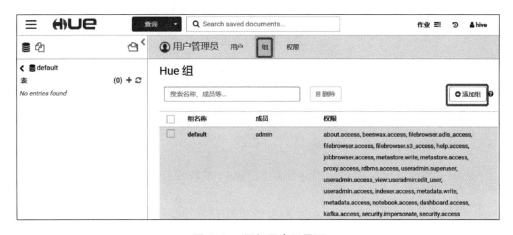

图 4-26　添加用户组界面

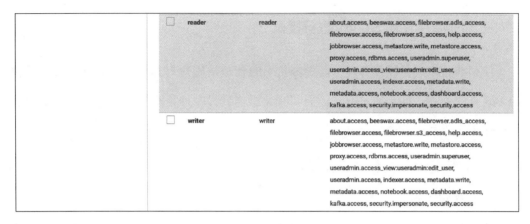

| | | reader | reader | about.access, beeswax.access, filebrowser.adls_access, filebrowser.access, filebrowser.s3_access, help.access, jobbrowser.access, metastore.write, metastore.access, proxy.access, rdbms.access, useradmin.superuser, useradmin.access_view:useradmin:edit_user, useradmin.access, indexer.access, metadata.write, metadata.access, notebook.access, dashboard.access, kafka.access, security.impersonate, security.access |
| | | writer | writer | about.access, beeswax.access, filebrowser.adls_access, filebrowser.access, filebrowser.s3_access, help.access, jobbrowser.access, metastore.write, metastore.access, proxy.access, rdbms.access, useradmin.superuser, useradmin.access_view:useradmin:edit_user, useradmin.access, indexer.access, metadata.write, metadata.access, notebook.access, dashboard.access, kafka.access, security.impersonate, security.access |

图 4-27　添加用户组完成

2. 将用户添加到用户组

在 reader 用户组下创建 reader 用户，在 writer 用户组下创建 writer 用户，如图 4-28 所示。

图 4-28　创建用户

3. 创建角色

点击"Roles"按钮，并点击添加按钮，如图 4-29 所示，进入安全性设置。

点击添加角色，如图 4-30 所示。

Sentry 工作界面（需要授予 Hue 组访问 Sentry 的权限），如图 4-31 所示。

4. 编辑角色添加权限

编辑 Role，编辑角色名称，设置角色权限被授予的组，权限对象可以是 Hive 的库、表或者字段，权限的类型有创建、插入、查询等，并以 reader_role 为例，如图 4-32 所示。

同理创建 writer_role 和 reader_role 角色，writer_role 有对 Hive 数据库中 test 库中 shu 表的插入权限，对应的组为 writer。reader_role 有对 Hive 中 test 库 shu 表的查权限，对应的组为 reader，如图 4-33 所示。

图 4-29　Hue 安全性设置

图 4-30　Hue 添加角色

图 4-31　用户组权限设置

图 4-32　角色设置

5. 权限测试

（1）reader 用户登录 Hue。

reader 用户有查看权限，但无写入权限。

reader 用户测试，查看 test 库的 shu 表，查看成功如图 4-34 所示。

图 4-33　角色设置完成

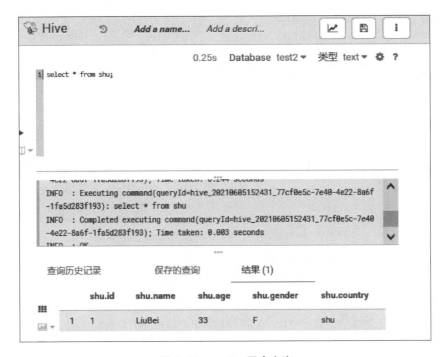

图 4-34　reader 用户查询

reader 用户往 test 库的 shu 表中插入数据，插入失败如图 4-35 所示。

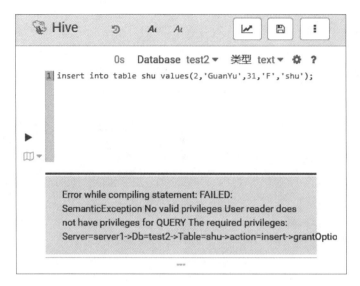

图 4-35 reader 用户写入

（2）writer 用户登录 Hue。

writer 用户测试，有权限插入，但无权限查询。

writer 用户往 test 库的 shu 表中插入数据，插入成功如图 4-36 所示。

图 4-36 writer 用户写入

writer 用户对 test 库的 shu 表的数据进行查询，查询失败，如图 4-37 所示。

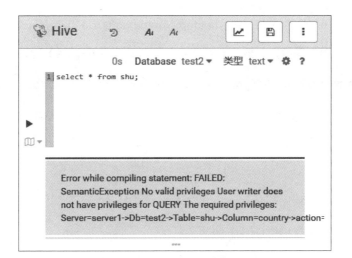

图 4-37　writer 用户查询

（二）命令行的方式操作 Sentry

在 Hive 集群所有节点创建两个用户 reader_cmd，writer_cmd，并设置密码。

[root@ master ~]# useradd reader_cmd
[root@ master ~]# passwd reader_cmd
[root@ master ~]# useradd writer_cmd
[root@ master ~]# passwd writer_cmd

使用 Sentry 管理员用户 hive 通过 beeline 客户端连接 HiveServer2。

[root@ master ~]# kinit -kt /var/lib/hive/hive. keytabhive/hive@ HADOOP.COM
[root@ master ~]# beeline -u"jdbc:hive2://master:10000/;principal = hive/master@ HA-DOOP.COM"
WARNING: Use "yarn jar" to launch YARN applications. SLF4J: Class path contains multiple SLF4J bindings. SLF4J: Found binding in [jar:file:/home/new/and/soft/cloudera/parcels/CDH - 6.2.1 - 1. cdh6.2.1.p0.1425774/jars/log4j-slf4j-impl-2.8.2.jar! /org/slf4j/impl/StaticLoggerBinder.class]

```
SLF4J: Found binding in [jar:file:/home/new/and/soft//cloudera/parcels/CDH-6.2.1-1.
cdh6.2.1.p0.1425774/jars/slf4j-log4j12-1.7.25.jar! /org/slf4j/impl/StaticLoggerBinder.class]

SLF4J: See http://www.slf4j.org/codes.html#multiple_bindings for an explanation.

SLF4J: Actual binding is of type [org.apache.logging.slf4j.Log4jLoggerFactory]

Connecting to jdbc: hive2://cdhmaster: 10000/; principal = hive/master @
HADOOP.COM

Connected to: Apache Hive (version 2.1.1-cdh6.2.1)

Driver: Hive JDBC (version 2.1.1-cdh6.2.1)

Transaction isolation: TRANSACTION_REPEATABLE_READ

Beeline version 2.1.1-cdh6.2.1 by Apache Hive

0: jdbc:hive2://master:10000/>
```

创建角色（reader_role_cmd，writer_role_cmd）。

```
[root@ master ~]# create role reader_role_cmd
[root@ master ~]# create role writer_role_cmd
```

为角色赋予权限，给 reader_role_cmd 角色赋予 test 库的查看权限，给 writer_role_cmd 角色赋予 test 库的写权限。

```
[root@ master ~]# GRANT select ON DATABASE test TO ROLE reader_role_cmd
[root@ master ~]# GRANT insert ON DATABASE test TO ROLE writer_role_cmd
```

将 role 授予用户组，将 reader_role_cmd 角色对应 reader_cmd 组，writer_role_cmd 角色对应 writer_cmd 组。

```
[root@ master ~]# GRANT ROLE reader_role_cmd TO GROUP reader_cmd
[root@ master ~]# GRANT ROLE writer_role_cmd TO GROUP writer_cmd
```

查看所有 role（管理员）。

```
[root@ master ~]# SHOW ROLES;

    INFO    : Compiling command(queryId = hive_20210227113105_a81b5ec9-e599-4264-
ae50-73562b2aad0e): SHOW ROLES

    INFO    : Semantic Analysis Completed

    INFO    : Returning Hive schema: Schema(fieldSchemas:[FieldSchema(name:role, type:
string, comment:from deserializer)], properties:null)

    INFO    : Completed compiling command(queryId = hive_20210227113105_a81b5ec9-
e599-4264-ae50-73562b2aad0e); Time taken: 0.062 seconds

    INFO    : Executing command(queryId = hive_20210227113105_a81b5ec9-e599-4264-
ae50-73562b2aad0e): SHOW ROLES

    INFO    : Starting task [Stage-0:DDL] in serial mode

    INFO    : Completed executing command(queryId = hive_20210227113105_a81b5ec9-
e599-4264-ae50-73562b2aad0e); Time taken: 0.039 seconds

    INFO    : OK
    +------------------+
    |       role       |
    +------------------+
    | admin_role       |
    | reader_role      |
    | reader_role_cmd  |
    | writer_role      |
    | writer_role_cmd  |
    +------------------+
```

管理员查看指定用户组的角色。

```
[root@ master ~]# SHOW ROLE GRANT GROUP reader_cmd
```

查看当前认证用户的角色。

```
[root@ master ~]# SHOW CURRENT ROLES
```

查看指定角色的具体权限（管理员）。

```
[root@ master ~]# SHOW ROLE GRANT GROUP reader_cmd
```

为 reader_cmd、writer_cmd 创建 Kerberos 主体。

```
[root@ master ~]# kadmin.local -q "addprinc reader_cmd/reader_cmd@ HADOOP.COM"
```

```
[root@ master ~]# kadmin.local -q "addprinc writer_cmd/writer_cmd@ HADOOP.COM"
```

使用 reader_cmd 登录 HiveServer2。

```
[root@ master ~]# kinit reader_cmd/reader_cmd@ HADOOP.COM
```

```
[root@ master ~]# beeline -u "jdbc:hive2://cdhmaster:10000/;principal = hive/cdhmaster@ HADOOP.COM"
```

使用 writer_cmd 登录 HiveServer2。

```
[root@ master ~]# kinit writer_cmd/writer_cmd@ HADOOP.COM
```

```
[root@ master ~]# beeline -u "jdbc:hive2://cdhmaster:10000/;principal = hive/cdhmaster@ HADOOP.COM"
```

Hue 的 Web 页面上查看相应的角色、组及权限，reader_cmd 组对应 reader_role_cmd 角色，此角色有查看 test 库的权限。writer_cmd 组对应 writer_role_cmd 角色，此角色有 test 库的写权限，如图 4-38 所示。

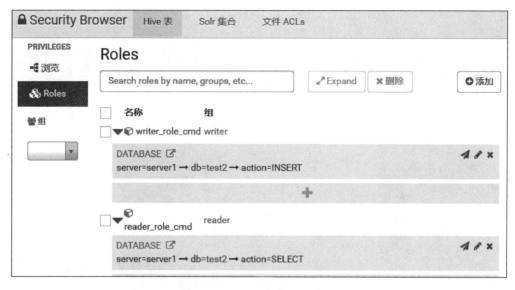

图 4-38 Hue 页面查看创建角色

思考题

1. 请列举三种大数据网络安全的威胁，并就其中一种做简要描述。

2. 请列举三种大数据安全防护技术，并就其中一种做简要描述。

3. 请简述 Kerberos 认证机制的流程。

4. 请列举三项 Kerberos 的风险或不足。

5. 你是某公司的一名运维工程师，技术部统计组来了一位新同事小明，你要给小明分配 Hive 中 stat 库的读写权限，简述使用 Sentry 完成权限管理的流程。

第五章
数据管理能力评价

　　本章介绍了多种数据管理成熟度模型，重点介绍了有本土特色的数据管理能力成熟度评估模型（data management capability maturity assessment model，DCMM）。将 DC-MM 模型与其他国际模型进行比较，介绍了 DCMM 模型的过程项能力等级标准和评估流程，重点阐述了 DCMM 模型 8 大能力域（capability area）对应的 28 个能力项（capability item）的概念、过程描述，并对各过程项的评分做进一步统计汇总，以公司为举例对象，针对 DCMM 评估汇总结果，呈现数据管理工作的优势和不足，并对公司数据管理能力提升提出建议。

- **职业功能：** 使用 DCMM 数据管理能力成熟度评估模型进行数据管理。
- **工作内容：** 按照 DCMM 数据管理能力成熟度评估模型对公司的数据"摸家底"，明确公司内 DCMM 模型 8 个能力域 28 个能力项的数据管理工作现状。按流程实施 DCMM 评估，对评估结果进行统计分析，针对不足予以改善。
- **专业能力要求：** 理解 DCMM 模型的特点和其他模型的不同；熟悉 DCMM 评估的流程；熟悉 DCMM 模型 8 个能力域和 28 个能力项的含义及过程描述；熟悉 DCMM 模型能力等级划分，能够对 DCMM 模型评估的结果进行统计计算。
- **相关知识要求：** 熟悉 DCMM 模型 8 个能力域、28 个能力项、能力评估等级、评估结果统计计算和评估流程。

第一节　数据管理成熟度模型概述

一、多种数据管理成熟度模型

能力成熟度评估（capability maturity assessment，CMA）是一种基于能力成熟度模型（capability maturity model，CMM）框架的能力提升方案，描述了数据管理能力从初始状态发展到最优化状态的过程。20 世纪 80 年代中期，卡耐基梅隆大学软件工程研究所发布了软件能力成熟度模型。虽然 CMM 首先应用于软件开发，但现在已被广泛用于其他一系列领域，包括数据管理。

能力成熟度模型最早起源于 CMM，现在发展成大家熟知的能力成熟度模型集成（capability maturity model integration，CMMI），它是一种基于组织在软件定义、实施、度量、控制和改善软件过程的实践中对各个发展阶段的描述形成的标准。CMMI 模型是由卡耐基梅隆大学旗下的 CMMI 协会开发的，2014 年，CMMI 协会在 CMMI 模型基础之上，开发并发布了数据管理领域的能力成熟度评估模型 CMMI-DMM。

CMMI-DMM 模型是业界比较权威的数据管理能力成熟度评估模型，DCMM 模型在一定程度上也参考了 DMM（数据管理模型）的一些内容，包括整体模型框架、过程域以及能力等级的划分等。

在大数据管理和数据治理领域，有很多能力成熟度模型可供参考。

CMMI-DMM 数据管理能力成熟度评估模型如图 5-1 所示，DMM 模型用 25 个能力域（20 个数据管理能力域和 5 个支持能力域），描述了企业数据管理应建立的各项能力，帮助组织开展数据管理过程实践，提升其数据管理的成熟度。

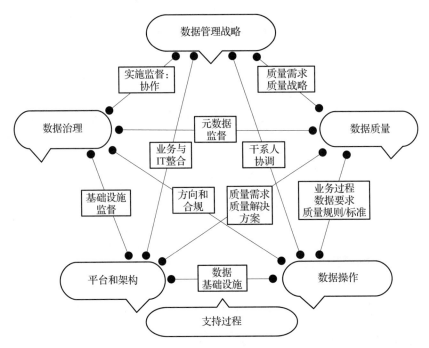

图 5-1　CMMI-DMM 数据管理能力成熟度评估模型

Gartner 企业信息管理成熟度模型如图 5-2 所示。将企业信息管理分为了 0～5 阶段，分别是：0—无意识阶段、1—意识阶段、2—被动式阶段、3—主动式阶段、4—托管管理阶段、5—有效管理阶段，以帮助企业找到自身信息管理能力所处的位置。

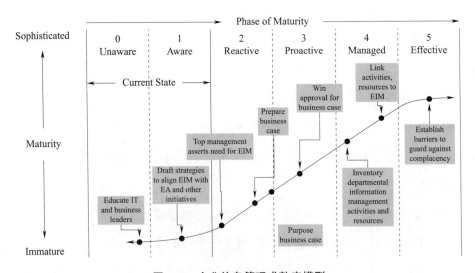

图 5-2　企业信息管理成熟度模型

（一）EDM-DCAM 数据管理能力成熟度模型

数据管理能力评价模型（data management capability assessment model，DCAM）由企业数据管理协会[①]开发，目前已经发布了两个版本。如图5-3所示，DCAM2.0模型包含了7大组件，分别是数据管理战略与业务案例、数据管理流程与资金、数据架构、技术架构、数据质量管理、数据治理、数据操作。

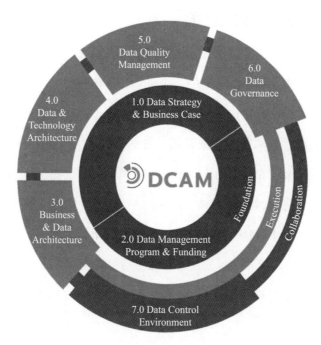

图 5-3　DCAM 模型

（二）IBM 数据治理委员会成熟度模型

IBM 数据治理成熟度模型是由55位专家组成的专家委员会，通过计划、设计、实施、验证阶段开展数据治理业务、技术、方法和最佳实践，提出通过数据治理获得一致性和高质量数据的成熟度模型，帮助组织有效改善大数据管理环境，进而有效利用数据。该模型的目的是通过成熟的业务技术、协作方法和最佳实践，帮助组织构建治理中的一致性和质量控制。该模型围绕4个关键类别组成。

- 结果：包括数据风险管理和合规、价值创造。

[①]　企业数据管理协会（EDM Council）：北美的一家研究金融行业数据管理的公益性组织。

- 使能因素：包括组织结构和认知、政策、管理。
- 核心内容：包括数据质量管理、信息生存周期管理、信息安全和隐私。
- 支持内容：包括数据架构、分类和元数据、审计信息、日志记录和报告。

IBM 模型既是一个成熟度框架，也是为了成熟度分级而构造出的一组有答案的评估问题。

（三）斯坦福数据治理成熟度模型

斯坦福大学的数据治理成熟度模型是为该大学开发的。它并不是一个行业标准，但它仍然是提供指导和测量标准模型的一个好例子。该模型关注的是数据治理，而不是大数据管理，但它为全面评估大数据管理奠定了基础。该模型区分基础部分（意识、形式化、元数据）和项目部分（数据管理、数据质量、主数据）。该模型在每部分都清楚地说明了人员、政策和能力的驱动因素，阐明了每个成熟度级别的特征，并为每个级别提供了定性和定量的测量。

除了 Gartner、CMMI-DMM、EDM-DCAM，还有如下模型。

- MD3M 主数据管理成熟度模型（源自荷兰乌得勒支大学的一篇硕士论文）。
- DataFlux 主数据管理成熟度模型（由 BI 软件 SAS 公司旗下的 DataFlux 公司提出）。
- OracleMDM 主数据管理能力成熟度模型［由甲骨文（Oracle）公司提出］。

二、DCMM 简介

DCMM 是由全国信息技术标准化技术委员会大数据标准工作组于 2018 年 3 月正式发布的，是我国大数据管理领域最佳实践的总结。

DCMM 国家标准符合性评估面向对象如下。

- 数据拥有方，可以评估数据拥有方（甲方）在数据管理方面存在的问题并给出针对性的建议，帮助其提升数据能力水平。
- 数据解决方案提供方，通过该标准的实施，可以帮助数据解决方案提供方（乙方）完善自身解决方案的完备度，提升自身咨询、实施的能力。

DCMM 模型是一个整合了标准规范、管理方法论、评估模型等多方面内容的综合框架，它将组织内部的数据能力划分为八个重要组成部分，描述了每个组成部分的定义、功能、目标和标准。该标准适用于组织数据管理规划、设计和评估，也可以作为针对信息系统建设状况进行指导、监督和检查的依据。

三、DCMM 与国际模型对比

DCMM 与国外的数据管理能力成熟度模型相比，DCMM 是具有中国特色的数据管理模型，如图 5-4 所示。

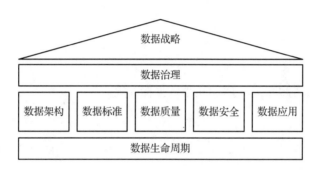

图 5-4　DCMM 建设概念图

从研制单位来讲，国外的数据管理成熟度模型出自不同的研制单位，有的来自数据管理研究的相关协会，有的来自咨询公司，有的来自数据产品的供应商，都属于民间组织，而 DCMM 是由工业和信息化部主导的，是大数据管理领域的国家级标准。

DCMM 强调数据战略和数据标准，这与 DAMA-DMBOK 中的大数据管理框架以及 CMMI-DMM 模型有所不同。正所谓"无规矩不成方圆"，"规矩"就是做事的总则、规范和标准。在 DCMM 模型中，数据战略就是组织大数据管理的最高总则，为组织的数据管理提供方向指引；数据标准是具体大数据管理实践的执行规范，为组织的大数据管理提供操作指导。

（一）DCMM 与 DMM 对比

1. 数据标准

DMM 在大数据管理相关工作中对数据标准的强调非常少。而国内情况恰恰相反，数据标准是大数据管理的基础，为此 DCMM 把数据标准列为大数据管理核心内容之一，作为独立的一级主题域，是具有中国特色的关键点之一。

2. 数据安全

DMM 中缺乏对于数据安全的规定。在我国产业环境中，数据安全是大数据管理中的重要因素，涉及企业、行业、国家的安全。

3. 数据应用

DMM 中缺乏相应内容，数据应用是数据价值体现的渠道，也是我国企业普遍关注的重点，DCMM 从数据分析、开放共享、数据服务等方面对数据应用进行了规范。

（二）DCMM 与 DCAM 对比

1. 数据标准

DCAM 没有数据标准，而 DCMM 把数据标准独立为一级主题域。

2. 元数据

DCAM 中把元数据当作数据架构管理的一部分来论述，缩小了元数据的范围，而在 DAMA-DMBOK 中明确提出了元数据和数据架构等层级是一致的。

3. 数据安全

DCAM 中没有提到数据安全，但在国内的环境中，数据安全是大数据管理的重要组成部分。

四、DCMM 的能力等级划分

与 CMMI 类似，DCMM 模型将组织的数据能力成熟度划分为初始级、受管理级、稳健级、量化管理级和优化级共 5 个发展等级（见图 5-5），帮助组织进行数据管理能力成熟度的评价。

（一）初始级

数据需求的管理主要是在项目级体现，没有统一的管理流程，主要是被动式管理，具体特征如下。

- 组织在制定战略决策时，未获得充分的数据支持。

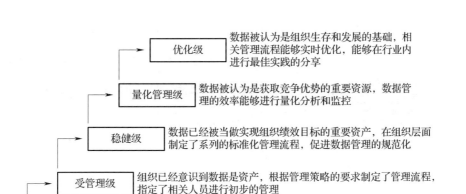

图 5-5 DCMM 模型发展等级

• 组织没有正式的数据规划、数据架构设计、数据管理组织和流程等。

• 业务系统各自管理自己的数据，各业务系统之间的数据存在不一致现象，组织未意识到数据管理或数据质量的重要性。

• 数据管理仅根据项目实施周期进行，缺乏数据维护、管理的成本核算。

（二）受管理级

组织已经意识到数据是资产，根据管理策略的要求制定了管理流程，指定了相关人员进行初步管理，具体特征如下。

• 组织意识到数据的重要性，制定部分数据管理规范，并设置了相关岗位。

• 组织意识到数据质量和数据孤岛是一个重要的管理问题，但目前没有解决问题的办法。

• 组织进行了初步的数据集成工作，尝试整合各业务系统的数据，设计了相关数据模型和管理岗位。

• 组织开始进行了一些重要数据的文档工作，对重要数据的安全、风险等方面设计相关管理措施。

（三）稳健级

数据已经被当作实现组织绩效目标的重要资产，在组织层面制定了系列的标准化管理流程，促进数据管理的规范化，具体特征如下。

- 组织意识到数据的价值，在组织内部建立了数据管理的规章和制度。

- 数据的管理以及应用能结合组织的业务战略、经营管理需求以及外部监管需求。

- 组织建立了相关数据管理组织、管理流程，能推动组织内各部门按流程开展工作。

- 组织在日常的决策、业务开展过程中能获取数据支持，明显提升工作效率。

- 组织参与了行业数据管理相关培训，具备数据管理人员。

（四）量化管理级

数据被认为是获取竞争优势的重要资源，数据管理的效率能够进行量化分析和监控，具体特征如下。

- 组织层面认识到数据是组织的战略资产，了解数据在流程优化、绩效提升等方面的重要作用。

- 组织在制定业务战略的时候可获得相关数据的支持。

- 在组织层面建立了可量化的评估指标体系，可准确测量数据管理流程的效率并及时优化。

- 组织参与国家、行业等相关标准的制定工作。

- 组织内部定期开展数据管理、应用相关的培训工作。

- 组织在数据管理、应用的过程中充分借鉴了行业最佳案例以及国家标准、行业标准等外部资源，促进组织本身的数据管理和应用能力的提升。

（五）优化级

数据被认为是组织生存和发展的基础，相关管理流程能实时优化，能够在行业内进行最佳实践分享，具体特征如下。

- 组织将数据作为核心竞争力，利用数据创造更多的价值和提升改善组织的效率。

- 组织能主导国家、行业等相关标准的制定工作。

- 组织能将自身数据管理能力建设的经验作为行业最佳案例进行推广。

五、DCMM 评估流程

DCMM 评估流程，如图 5-6 所示。

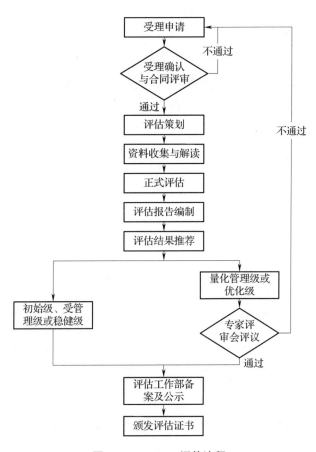

图 5-6 DCMM 评估流程

（1）企业向中心递交 DCMM 评估申请书以确定企业的评估等级，并附有以下材料：申请书正文、法人资格证明、组织架构图、管理信息系统清单、数据管理制度清单、数据管理能力证明材料（非必需）、中国信用记录、获得管理体系认证情况。

（2）评估组组长在接收到资料后，可根据被评估单位的规模和评估组人员数量分成不同的小组，每个小组可负责不同的能力域资料解读或按其他方式进行合理分工。评估组成员应根据标准条款对被评估单位提交的资料进行判断，确保资料的正确性和充分性。

（3）评估组成员在资料解读期间发现问题时，应与被评估单位沟通，要求被评估单位协调安排对接人员与评估组进行确认。对于评估组反馈的问题，被评估单位如有更为准确或全面的资料，应如实向评估组提供。必要时，评估组织应向被评估单位人员介绍或说明对于客观证据的要求。

（4）评估机构应检查申请组织提供材料的完整性，按机构合同管理要求进行合同评审，DCMM 评估合同书必须由主任评估师签字。

（5）制订正式评估计划，开启评估会议。会议工作包括：任命评估组成员 4~6 人（1 名主任评估师）、收集基本材料（前期已做完）、确定评估目的、确定评估范围、策划评估过程和确定评估计划等。评估计划样例见表 5-1。

表 5-1 　　　　　　　　　　　　　　　评估计划表

序号	阶段	数量	类型
1	合同受理与评审	2 人天	非现场
2	评估策划	4 人天	现场或非现场
3	资料收集与解读	4~9 人天	现场或非现场
4	正式评估	6~16 人天	现场
5	评估报告编制	4 人天	非现场
6	评估报告评审	3 人天	非现场
7	专家评议和复核	1 人天	现场或非现场
8	公示及证书发放	2 人天	非现场
	合计	26~41 人天	

（6）实施评估常见方法如下。

• 审查文件和记录。基于在资料收集与解读时已经对客观证据进行了详细的审查，正式评估时应着重检查和验证在资料收集与解读中发现的问题。

• 观察大数据管理过程和活动。重点了解数据管理系统/平台/工具的相关功能和使用记录。根据前期了解的被评估单位的基本情况，以及资料收集与解读阶段了解的信息，向被评估单位提出期望观察的大数据管理系统/平台/工具。

• 人员访谈。人员访谈的目的是验证组织实施大数据管理过程，确认其实施过程与客观证据是否保持一致。通常人员访谈也是按 DCMM 的 8 个能力域开展，即每一场访谈只聚焦于某一个能力域的内容。

（7）实施评估后需要编写评估报告，评估报告采用统一模板，包括以下内容。

• 评估报告摘要。评估报告摘要以表格形式给出被评估单位基本信息、评估依据、评估机构及评估团队、评估时间、评估结论等信息。

- 评估工作介绍。评估工作介绍主要包括介绍评估模型和评估原则。

- 评估结论。评估结论包含评估对象简介，即简要介绍被评估单位基本信息；评估总体得分，即展示各能力项评估结果，描述成熟度等级情况，对组织大数据管理各能力域情况给予总体评价；评估关键发现，即依次描述被评估对象在各能力域所做的亮点工作和存在的主要问题。

- 详细评估结果。详细评估对象按照 DCMM 的 8 个能力域，基于标准条款要求，依次描述被评估单位在各能力域所取得的成就和不足，并提出改进建议。

- 阶段性提升建议。评估组对各能力域的阶段性提升建议，主要依据被评估单位发展规划和需求，参考 DCMM 标准内容，结合现状提出可执行的阶段性建议。

（8）证书发放与管理。对于通过 DCMM 评估工作部复核或评议且公示后无异议的组织发放证书，证书有效期为 3 年。证书有效期满时自动作废。若评估单位提出再评估申请，经再评估通过后，发给新证书。再评估流程与初次评估相同。

如获证组织发生分立、合并或重组等重大变更，应在变更发生之日起 90 天内，向评估机构提交重大变更申请及相关材料，评估机构需进行重大变更事项现场评估。经核实无误后换发证书，并更新相关信息。

第二节　DCMM 能力域及能力项

一、DCMM 模型能力域对应能力项

DCMM 模型按照组织、制度、流程、技术对大数据管理能力进行了分析、总结，

提炼出组织大数据管理的八大能力域，即：数据战略、数据治理、数据架构、数据应用、数据安全、数据质量、数据标准、数据生存周期。这八个能力域共包含 28 个能力项，见表 5-2。

表 5-2　　　　　　　　　　　　DCMM 模型能力域与能力项

能力域	能力项
数据战略	数据战略规划 数据战略实施 数据战略评估
数据治理	数据治理组织 数据制度建设 数据治理沟通
数据架构	数据模型 数据分布 数据集成与共享 元数据管理
数据应用	数据分析 数据开放共享 数据服务
数据安全	数据安全策略 数据安全管理 数据安全审计
数据质量	数据质量需求 数据质量检查 数据质量分析 数据质量提升
数据标准	业务术语 参考数据和主数据 数据元 指标数据
数据生存周期	数据需求 数据设计和开发 数据运维 数据退役

二、DCMM 模型能力域介绍

（一）数据战略

数据战略规划是整个数据战略环节的首要任务，也是数据战略基础，决定了战略方向，指导数据战略实施和数据战略评估。

2020 年 2 月 19 日，欧盟委员会发布《欧洲数据战略》，积极推进数字化转型工作，打造欧盟单一数据市场，目的是强化技术主权，提升组织竞争力。

组织应明确数据战略规划，进而确定数据战略实施步骤，逐步实现数据职能框架。实施过程中评估组织数据管理和数据应用的现状，确定与愿景、目标之间的差距，对目前战略制定后的内外部环境的变化进行分析，对目前战略做必要的修订。组织在进行数据管理和数据应用的实现过程中需要协调多个参与方之间的复杂关系，评估多方是否能按预设愿景执行。依据数据职能框架制定阶段性数据任务目标，并确定实施步骤。数据战略规划从宏观和微观两个层面展开，数据战略实施分阶段进行，制订战略计划，分解战略目标，并分步骤逐步推进实施，这样更有利于宏观战略目标的实现。

数据战略评估需要在相应的业务实体上进行，对数据战略规划和数据战略实施结果进行验证，通过对影响并反映数据战略管理质量的各要素的总结和分析，判断战略是否实现预期目标的活动，对目前战略的实施结果进行评估。

1. 数据战略规划

数据战略规划是在所有利益相关者之间达成共识的结果。从宏观及微观两个层面确定开展数据管理及应用的动因，综合反映数据提供方和消费方需求。

过程描述如下。

（1）识别利益相关者，明确利益相关者的需求。

（2）数据战略需求评估，组织对业务和信息化现状进行评估，了解业务和信息化对数据的需求。

（3）数据战略制定，包含但不限于以下方面：

• 愿景陈述，其中包含数据管理原则、目的和目标。

• 规划范围，其中包含重要业务领域、数据范围和数据管理优先权。

• 所选择的数据管理模型和建设方法。

• 当前数据管理存在的主要差距。

• 管理层及其责任，以及利益相关者名单。

• 编制数据管理规划的管理方法。

· 持续优化路线图。

（4）数据战略发布，以文件、网站、邮件等方式正式发布审批后的数据战略。

（5）数据战略修订，根据业务战略、信息化发展等方面的要求，定期进行数据战略的修订。

2. 数据战略实施

数据战略实施是组织完成数据战略规划并逐渐实现数据职能框架的过程。实施过程中评估组织数据管理和数据应用的现状，确定与愿景、目标之间的差距；依据数据职能框架制定阶段性数据任务目标，并确定实施步骤。

过程描述如下。

（1）建立评估准则——建立数据战略规划实施评估标准，规范评估过程和方法。

（2）现状评估——对组织当前数据战略落实情况进行分析，评估各项工作开展情况。

（3）评估差距——根据现状评估结果与组织数据战略规划进行对比，分析存在的差异。

（4）实施路径——利益相关者结合组织的共同目标和实际商业价值进行数据职能任务优先级排序。

（5）保障计划——依据实施路径，制定开展各项活动所需的预算。

（6）任务实施——根据任务要求开展工作。

（7）过程监控——依据实施路径，及时对实施过程进行监控。

3. 数据战略评估

数据战略评估过程中应建立对应的业务案例和投资模型，并在整个数据战略实施过程中跟踪进度，同时做好记录供审计和评估使用。

过程描述如下。

（1）建立任务效益评估模型——从时间、成本、效益等方面建立数据战略相关任务的效益评估模型。

（2）建立业务案例——建立了基本的用例模型、项目计划、初始风险评估和项目描述，能确定数据管理和数据应用相关任务（项目）的范围、活动、期望的价值以及合理的成本收益分析。

（3）建立投资模型——作为数据职能项目投资分析的基础性理论，投资模型确保在充分考虑成本和收益的前提下对所需资本合理分配，投资模型要满足不同业务的信息科技需求，以及对应的数据职能内容，同时要广泛沟通以保障对业务或技术的前瞻性支持，并符合相关的监管及合规性要求。

（4）阶段评估——在数据工作开展过程中，定期从业务价值、经济效益等维度对已取得的成果进行效益评估。

（二）数据治理

数据治理是对企业数据资产管理行使权力和控制的活动集合（规划、监控和执行），是构建企业数据管理制度、执行企业数据规划、建设数据环境、管理数据安全、管理元数据、管理数据质量等其他数据管理活动的持续改进过程和管控机制。

数据治理组织交付物：包括数据治理组织角色定义、职责定义；数据治理组织中的认责机制；各类数据认责人的定义；数据治理组织中考核制度和考核记录；数据治理组织中的培训计划、培训记录；数据治理组织中的会议纪要和工作报告。

数据制度建设交付物：包括数据资产管理办法；数据质量管理办法、数据质量评价体系；数据标准管理办法、数据标准内容；数据安全管理办法；数据认责制度，数据认责划分；数据架构管理办法；元数据管理办法；数据生存周期管理办法；数据应用管理办法等。

数据治理沟通交付物：包括数据治理沟通计划、利益相关者列表、数据问题升级路径、数据治理沟通内容记录、数据治理外部沟通方式、对象和内容。

1. 数据治理组织

数据治理组织包括组织架构、岗位设置、团队建设、数据责任等内容，是各项数据职能工作开展的基础。它对组织在数据管理和数据应用过程中行使规划和控制的职能，并指导各项数据职能的执行，以确保组织能有效落实数据战略目标。

过程描述如下。

（1）建立数据治理组织——建立数据体系配套的权责明确且内部沟通顺畅的组

织，确保数据战略的实施。

（2）岗位设置——建立数据治理所需的岗位，明确岗位的职责，任职要求等。

（3）团队建设——制订团队培训、能力提升计划，通过引入内部、外部资源定期开展人员培训，提升团队人员的数据治理技能。

（4）数据归口管理——明确数据所有人、管理人等相关角色，以及数据归口的具体管理人员。

（5）建立绩效评价体系——根据团队人员职责、管理数据范围的划分，制定相关人员的绩效考核体系。

2. 数据制度建设

数据制度建设是指为保障数据管理和数据应用各项功能的规范化运行而建立对应的制度体系。数据制度体系通常分层次设计，遵循严格的发布流程并定期检查和更新。数据制度建设是数据管理和数据应用各项工作有序开展的基础，是数据治理沟通和实施的依据。

过程描述如下。

（1）制定数据制度框架——根据数据职能的层次和授权决策次序，数据制度框架分为政策、办法、细则3个层次，该框架规定了数据管理和数据应用的具体领域、各个数据职能领域内的目标、遵循的行动原则、完成的明确任务、实行的工作方式、采取的一般步骤和具体措施。

（2）整理数据制度内容——数据管理政策与数据管理办法、数据管理细则共同构成组织数据制度体系，其基本内容如下：数据管理政策说明数据管理和数据应用的目的，明确其组织与范围；数据管理办法是为数据管理和数据应用各领域内活动开展而规定的相关规则和流程；数据管理细则是为确保各数据方法执行落实而制定的相关文件。

（3）数据制度发布——组织内部通过文件、邮件等形式发布审批通过的数据制度。

（4）数据制度宣贯——定期开展数据制度相关的培训、宣传工作。

（5）数据制度实施——结合数据治理组织的设置，推动数据制度的落地实施。

3. 数据治理沟通

数据治理沟通旨在确保组织内全部利益相关者都能及时了解相关政策、标准、流程、角色、职责、计划的最新情况，开展数据管理和应用相关的培训，掌握数据管理相关的知识和技能。数据治理沟通旨在建立与提升跨部门及部门内部数据管理能力，提升数据资产意识，构建数据文化。

过程描述如下。

（1）沟通路径——明确数据管理和应用的利益相关者，分析各方诉求，了解沟通的重点内容。

（2）沟通计划——建立定期或不定期沟通计划，并在利益相关者之间达成共识。

（3）沟通执行——按照沟通计划安排实施具体沟通活动，同时记录沟通情况。

（4）问题协商机制——包括引入高层管理者等方式，以解决分歧。

（5）建立沟通渠道——在组织内部明确沟通的主要渠道，例如邮件、文件、网站、自媒体、研讨会等。

（6）制订培训宣贯计划——根据组织人员和业务发展的需要，制订相关的培训宣贯计划。

（7）开展培训——根据培训计划的要求，定期开展相关培训。

（三）数据架构

数据架构是指通过组织级数据模型定义数据需求，指导对数据资产的分布控制和整合，部署数据的共享和应用环境，以及元数据管理的规范。

1. 数据模型

数据模型是使用结构化的语言对收集到的组织业务经营、管理和决策中使用的数据需求进行综合分析，按照模型设计规范将需求重新组织。

从模型覆盖的内容粒度看，数据模型一般分为主题域模型、概念模型、逻辑模型和物理模型。主题域模型是最高层级的、以主题概念及其之间的关系为基本构成单元的模型，主题是对数据表达事物本质概念的高度抽象。概念模型是以数据实体及其之间的关系为基本构成单元的模型，实体名称一般采用标准的业务术语命名。逻辑模型是在概念模型的基础上细化，以数据属性为基本构成单元的。物理模型是逻辑模型在计算机信息系统中依托于特定实现工具的数据结构。

从模型的应用范畴看，数据模型分为组织级数据模型和系统应用级数据模型。组织级数据模型包括主题域模型、概念模型和逻辑模型三类，系统应用级数据模型包括逻辑模型和物理数据模型两类。

过程描述如下。

（1）收集和理解组织的数据需求——包括收集和分析组织应用系统的数据需求和实现组织的战略、满足内外部监管、与外部组织互联互通等的数据需求等。

（2）制定模型规范——包括数据模型的管理工具、命名规范、常用术语以及管理方法等。

（3）开发数据模型——包括开发设计组织级数据模型、系统应用级数据模型。

（4）数据模型应用——根据组织级数据模型的开发，指导和规范系统应用级数据模型的建设。

（5）符合性检查——检查组织级数据模型和系统应用级数据模型的一致性。

（6）模型变更管理——根据需求变化实时地对数据模型进行维护。

2. 数据分布

数据分布职能域是针对组织级数据模型中数据的定义，明确数据在系统、组织和流程等方面的分布关系，定义数据类型，明确权威数据源，为数据相关工作提供参考和规范。通过数据分布关系的梳理，定义数据相关工作的优先级，指定数据的责任人，并进一步优化数据的集成关系。

过程描述如下。

（1）数据现状梳理——对应用系统中的数据进行梳理，了解数据的作用，明确存在的数据问题。

（2）识别数据类型——将组织内的数据根据其特征分类管理，一般类型包括但不限于主数据、参考数据、交易数据、统计分析数据、文档数据、元数据等类型。

（3）数据分布关系梳理——根据组织级数据模型的定义，结合业务流程梳理成果，定义组织中数据和流程、数据和组织机构、数据和系统的分布关系。

（4）梳理数据的权威数据源——明确每类数据相对合理的唯一信息采集和存储系统。

（5）数据分布关系的应用——根据数据分布关系的梳理，对组织数据相关工作进行规范，包括定义数据工作优先级、优化数据集成等。

（6）数据分布关系的维护和管理——根据组织中业务流程和系统建设的情况，定期维护和更新组织中的数据分布关系，保持及时性。

3. 数据集成与共享

数据集成与共享职能域是建立起组织内各应用系统、各部门之间的集成共享机制，通过组织内部数据集成共享相关制度、标准、技术等方面的管理，促进组织内部数据的互联互通。

过程描述如下。

（1）建立数据集成共享制度——指明数据集成共享的原则、方式和方法。

（2）形成数据集成共享标准——依据数据集成共享方式的不同，制定不同的数据交换标准。

（3）建立数据集成共享环境——将组织内多种类型的数据整合在一起，形成对复杂数据加工处理、便捷访问的环境。

（4）建立对新建系统的数据集成方式的检查。

4. 元数据管理

元数据管理是关于元数据的创建、存储、整合与控制等完整流程的集合。

过程描述如下。

（1）元模型管理——对包含描述元数据属性定义的元模型进行分类并定义每一类元模型，元模型可采用或参考相关国家标准。

（2）元数据集成和变更——基于元模型对元数据进行收集，对不同类型、不同来源的元数据进行集成，形成对数据描述的统一视图，并基于规范的流程对数据的变更进行及时更新和管理。

（3）元数据应用——基于数据管理和数据应用需求，对于组织管理的各类元数据进行分析应用，如查询、血缘分析、影响分析、符合性分析、质量分析等。

（四）数据应用

数据应用能力域是对数据应用过程的管理，包括数据分析、数据开放共享和数据服务三个能力项。

1. 数据分析

数据分析是为组织各项经营管理活动提供数据决策支持而进行的组织内外部数据分析或挖掘建模，以及对应成果的交付运营、评估推广等活动。数据分析能力会影响到组织制定决策、创造价值、向用户提供价值的方式。

过程描述如下。

（1）常规报表分析——按照规定的格式对数据进行统一的组织、加工和展示。

（2）多维分析——分析各分类之间的数据度量之间的关系，从而找出同类性质的统计项之间数学上的联系。

（3）动态预警——基于一定的算法、模型对数据进行实时监测，并根据预设的阈值进行预警。

（4）趋势预报——根据客观对象已知的信息而对事物未来的某些特征、发展状况的一种估计、测算活动，运用各种定性和定量的分析理论与方法，对发展趋势进行预判。

2. 数据开放共享

数据开放共享是指按照统一的管理策略对组织内部的数据进行有选择的对外开放，同时按照相关的管理策略引入外部数据供组织内部应用。数据开放共享是实现数据跨组织、跨行业流转的重要前提，也是数据价值最大化的基础。

过程描述如下。

（1）梳理开放共享数据——组织需要对其开放共享的数据进行全面的梳理，建立清晰的开放共享数据目录。

（2）制定外部数据资源目录——对组织需要的外部数据进行统一梳理，建立数据目录，方便内部用户的查询和应用。

（3）建立数据开放共享策略——建立统一的数据开放共享策略，包括安全、质量等内容。

（4）数据提供方管理——建立对外数据使用政策、数据提供方服务规范等。

（5）数据开放——组织可通过各种方式对外开放数据，并保证开放数据的质量。

（6）数据获取——按照数据需求进行数据提供方的选择。

3. 数据服务

数据服务是通过对组织内外部数据的统一加工和分析，结合公众、行业和组织的需要，以数据分析结果的形式对外提供跨领域、跨行业的数据服务。数据服务是数据资产价值变现最直接的手段，也是数据资产价值衡量的方式之一，通过良好的数据服务，企业对内提升效益，对外更好地服务公众和社会。

数据服务的提供可能有多种形式，包括数据分析结果、数据服务调用接口、数据产品或数据服务平台等，具体服务的形式取决于组织数据的战略和发展方向。

过程描述如下。

（1）数据服务需求分析——需要有数据分析团队来分析外部的数据需求，并结合外部的需求提出数据服务目标和展现形式，形成数据服务需求分析文档。

（2）数据服务开发——数据开发团队根据数据服务需求分析对数据进行汇总和加工，形成数据产品。

（3）数据服务部署——部署数据产品，对外提供服务。

（4）数据服务监控——对数据服务进行全面的监控和管理，实时分析数据服务的状态、调用情况、安全情况等。

（5）数据服务授权——对数据服务的用户进行授权，并对访问过程进行控制。

（五）数据安全

数据安全是与数据治理职能交互并受其影响的数据管理职能，各能力项环环相扣，从规划设计到具体实操，为行业企业数据机密性、完整性、可用性的保持提供了全流程的指导。

1. 数据安全策略

数据安全策略是数据安全的核心内容，在制定的过程中需要结合组织管理需求、监管需求以及相关标准等统一制定。

过程描述如下。

（1）了解国家、行业等监管需求，并根据组织对数据安全的业务需要，进行数据安全策略规划，建立组织的数据安全管理策略。

（2）制定适合组织的数据安全标准，确定数据安全等级及覆盖范围等。

（3）定义组织数据安全管理的目标、原则、管理制度、管理组织、管理流程等，为组织的数据安全管理提供保障。

2. 数据安全管理

数据安全管理是在数据安全标准与策略的指导下，通过对数据访问的授权、分类分级的控制、监控数据的访问等进行数据安全的管理工作，满足数据安全的业务需要和监管需求，实现组织内部对数据生存周期的数据安全管理。

过程描述如下。

（1）数据安全等级划分——根据组织数据安全标准，充分了解组织数据安全管理需求，对组织内部的数据进行等级划分并形成相关文档。

（2）数据访问权限控制——制定数据安全管理的利益相关者清单，围绕利益相关者需求，对其数据访问、控制权限进行授权。

（3）用户身份认证和访问行为监控——在数据访问过程中对用户的身份进行认证识别，对其行为进行记录和监控。

（4）数据安全保护——提供数据安全保护控制相关的措施，保证数据在应用过程中的隐私性。

（5）数据安全风险管理——对组织已知或潜在的数据安全进行分析，制定防范措施并监督落实。

3. 数据安全审计

数据安全审计是一项控制活动，负责定期分析、验证、讨论、改进数据安全管理相关的政策、标准和活动。审计工作可由组织内部或外部审计人员执行，审计人员应独立于审计所涉及的数据和流程。数据安全审计的目标是为组织以及外部监管机构提供评估和建议。

过程描述如下。

（1）过程审计——分析实施规程和实际做法，确保数据安全目标、策略、标准、指导方针和预期结果相一致。

（2）规范审计——评估现有标准和规程是否适当，是否与业务要求和技术要求相一致。

（3）合规审计——检索和审阅机构相关监管法规要求，验证机构是否符合监管法规要求。

（4）供应商审计——评审合同、数据共享协议，确保供应商切实履行数据安全义务。

（5）审计报告发布——向高级管理人员、数据管理专员以及其他利益相关者报告组织内的数据安全状态。

（6）数据安全建议——推荐数据安全的设计、操作和合规等方面的改进工作建议。

（六）数据质量

数据质量是指数据对其期望目标的满足度，即从使用者的角度出发，数据满足用户使用要求的程度。

数据质量重点关注数据质量需求、数据质量检查、数据质量分析和数据质量提升的实现能力，对数据从计划、获取、存储、共享、维护、应用、消亡生存周期的每个阶段可能引发的各类数据质量问题进行识别、度量、监控、预警等一系列活动，并通过改善和提高组织的管理水平使得数据质量获得进一步提高。

数据质量需求交付物：包括数据质量需求模板；数据质量管理目标以及相关管理规范；数据质量评价指标体系；数据质量管理业务规则库；数据认责人的定义；各类数据的质量需求。

数据质量检查交付物：包括数据质量检查中业务人员的参与程度，是否可以及时解决出现的问题；数据质量检查中是否有统一的工具来进行支持；数据质量检查中考核制度的开展；数据质量检查中是否可以对数据架构、数据标准和数据质量等方面的设计提出反馈，尽量从源头杜绝数据质量问题的发生。

数据质量分析交付物：包括数据质量分析管理制度；数据质量分析计划；数据质量报告模板；数据质量报告；数据质量问题分析方法；数据质量问题分析报告；数据质量问题经济效益分析模型。

数据质量提升交付物：包括数据质量提升管理制度；数据质量提升工作计划；数据质量提升方案模板；数据质量提升方案；数据质量提升方案落实情况。

1. 数据质量需求

数据质量需求明确了数据质量目标，根据业务需求及数据要求制定用来衡量数据质量的规则，包括衡量数据质量的技术指标、业务指标以及相应的校验规则与方法。数据质量需求是度量和管理数据质量的依据，需要依据组织的数据管理目标、业务管理需求和行业监管需求并参考相关标准来统一制定、管理。

过程描述如下。

（1）定义数据质量管理目标——依据组织管理的需求，参考外部监管的要求，明确组织数据质量管理目标。

（2）定义数据质量评价维度——依据组织数据质量管理的目标，制定组织数据质量评估维度，指导数据质量评价工作的开展。

（3）明确数据质量管理范围——依据组织业务发展的需求以及常见数据问题的分析，明确组织数据质量管理的范围，梳理各类数据的优先级以及质量需求。

（4）设计数据质量规则——依据组织的数据质量管理需求及目标，识别数据质量特性，定义各类数据的质量评价指标、校验规则与方法，并根据业务发展需求及数据质量检查分析结果，对数据质量规则进行持续维护与更新。

2. 数据质量检查

数据质量检查是指根据数据质量规则中的有关技术指标和业务指标、校验规则与方法对组织的数据质量情况进行实时监控，从而发现数据质量问题，并向数据管理人员进行反馈。

过程描述如下。

（1）制订数据质量检查计划——根据组织数据质量管理目标的需要，制订统一的数据质量检查计划。

（2）数据质量情况剖析——根据计划对系统中的数据进行剖析，查看数据的值域分布、填充率、规范性等，切实掌握数据质量实际情况。

（3）数据质量校验——依据预先配置的规则、算法，对系统中的数据进行校验。

（4）数据质量问题管理——包括问题记录、问题查询、问题分发和问题跟踪。

3. 数据质量分析

数据质量分析是对数据质量检查过程中发现的数据质量问题及相关信息进行分析，找出影响数据质量的原因，并定义数据质量问题的优先级，作为数据质量提升的参考依据。

过程描述如下。

（1）数据质量分析方法和要求——整理组织数据质量分析的常用方法，明确数据质量分析的要求。

（2）数据质量问题分析——深入分析数据质量问题产生的根本原因，为数据质量提升提供参考。

（3）数据质量问题影响分析——根据数据质量问题的描述以及数据价值链的分析，评估数据质量对于组织业务开展、应用系统运行等方面的影响，形成数据质量问题影响分析报告。

（4）数据质量分析报告——包括对数据质量检查、分析等过程累积的各种信息进行汇总、梳理、统计和分析。

（5）建立数据质量知识库——收集各类数据质量案例、经验和知识，形成组织的数据质量知识库。

4. 数据质量提升

数据质量提升是根据数据质量分析的结果制定、实施数据质量改进方案，包括错误数据更正、业务流程优化、应用系统问题修复等，并制定数据质量问题预防方案，确保数据质量改进的成果得到有效保持。

过程描述如下。

（1）制定数据质量改进方案——根据数据质量分析的结果，制定数据质量提升方案。

（2）数据质量校正——采用数据标准化、数据清洗、数据转换和数据整合等手段和技术，对不符合质量要求的数据进行处理，并纠正数据质量问题。

（3）数据质量跟踪——记录数据质量事件的评估、初步诊断和后续行动等信息，验证数据质量提升的有效性。

（4）数据质量提升——对业务流程进行优化，对系统问题进行修正，对制度和标准进行完善，防止将来同类问题的发生。

（5）数据质量文化——通过数据质量相关培训、宣贯等活动，持续提升组织数据质量意识，建立良好的数据质量文化。

（七）数据标准

数据标准是组织数据中的数据规范和基准，为组织各个信息系统中的数据提供规范化、标准化的依据，是组织数据集成、共享的基础，是组织数据的重要组成部分。

业务术语交付物：包括业务数据管理规范、业务术语目录、业务术语培训资料、业务术语发布平台、业务术语变更记录、业务术语应用检查记录。

参考数据和主数据交付物：包括参考数据和主数据的管理办法、参考数据和主数据标准定义、参考数据和主数据与其他系统的集成规范、参考数据和主数据的质量检查报告、参考数据和主数据的管理流程、参考数据和主数据的管理平台。

数据元交付物：包括数据元管理规范和流程、数据元目录及数据元内容、数据元管理工作报告、数据元差异分析报告、数据元管理平台、数据元培训资料以及培训记录。

1. 业务术语

业务术语是组织中对业务概念的描述，包括中文名称、英文名称、术语定义等内容。业务数据管理就是制定统一的管理制度和流程，并对业务术语的创建、维护和发布进行统一的管理，进而推动业务术语的共享和组织内部的应用。业务术语是组织内部理解数据、应用数据的基础。通过对业务术语的管理能保证组织内部对具体技术名词理解的一致性。

过程描述如下。

（1）制定业务术语标准和管理制度——包含组织、人员职责、应用原则等。

（2）业务术语字典——组织中已定义并审批和发布的术语集合。

（3）业务术语发布——业务术语变更后及时进行审批并通过邮件、网站、文件等形式进行发布。

（4）业务术语应用——在数据模型建设、数据需求描述、数据标准定义等过程中引用业务术语。

（5）业务术语宣贯——组织内部介绍、推广已定义的业务术语。

2. 参考数据和主数据

参考数据是用于将其他数据进行分类的数据。参考数据管理是对定义的数据值域进行管理，包括标准化术语、代码值、其他唯一标识符，以及其他数据取值所需的业务定义，可以对数据值域列表内部和跨不同列表之间的业务关系进行控制。

主数据是组织中需要跨系统、跨部门共享的核心业务实体数据。主数据管理是对主数据标准和内容进行管理，实现主数据跨系统的一致、共享使用。

过程描述如下。

（1）定义编码规则——定义参考数据和主数据唯一标识的生成规则。

（2）定义数据模型——定义参考数据和主数据的组成部分及其含义。

（3）识别数据值域——识别参考数据和主数据取值范围。

（4）管理流程——创建参考数据和主数据管理相关流程。

（5）建立质量规则——检查参考数据和主数据相关的业务规则和管理要求，建立参考数据和主数据相关的质量规则。

（6）集成共享——参考数据、主数据和应用系统的集成。

3. 数据元

数据元（data element），也称为数据元素，是用一组属性描述其定义、标识、表示和允许值的数据单元。通过建立组织中核心数据元的标准，使数据的拥有者和使用者对数据有一致的理解。

过程描述如下。

（1）建立数据元的分类和命名规则——根据组织的业务特征建立数据元的分类规则，制定数据元的命名、描述与表示规范。

（2）建立数据元的管理规范——建立数据元管理的流程和岗位规范，明确管理岗位职责。

（3）创建数据元——建立数据元创建方法，进行数据元的识别和创建。

（4）建立数据元的统一目录——根据数据元的分类及业务管理需求，建立数据元管理的目录，对组织内部的数据元分类存储。

（5）数据元的查找和引用——提供数据元查找和引用的在线工具。

（6）数据元的管理——提供对数据元以及数据元目录的日常管理。

（7）数据元管理报告——根据数据元标准定期进行引用情况分析，了解各应用系统中对数据元的引用情况，促进数据元的应用。

4. 指标数据

指标数据是组织在经营分析过程中衡量某一个目标或事物的数据，一般由指标名称、时间和数值等组成。指标数据管理是指组织对内部经营分析所需要的指标数据进行统一规范化定义、采集和应用，用于提升统计分析的数据质量。

过程描述如下。

（1）根据组织业务管理需求，制定组织内指标数据分类管理框架，保证指标分类框架的全面性和各分类之间的独立性。

（2）定义指标数据标准化的格式，梳理组织内部的指标数据，形成统一的指标字典。

（3）根据指标数据的定义，由相关部门或应用系统定期进行数据的采集、生成。

（4）对指标数据进行访问授权，并根据用户需求进行数据展现。

（5）对指标数据采集、应用过程中的数据进行监控，保证指标数据的准确性、及时性。

（6）划分指标数据的归口管理部门、管理职责和管理流程，并按照管理规定对指标标准进行维护和管理。

（八）数据生存周期

数据是现实世界中客观事物的符号记录，是信息的载体，而不是信息系统的产物和附属品。因此，数据管理和数据应用所关注的时间范围应延伸至数据的全生存周期，而非受限于信息系统的建设和应用过程。

对数据全生存周期实施管理，确保从宏观规划、概念设计到物理实现，从数据获取、处理到应用、运维、退役的全过程中，数据能够满足数据应用和数据管理需求。

数据需求交付物：包括数据需求管理规范和流程、数据需求模板、数据需求定义文档、数据需求和业务架构或数据架构的映射关系、数据需求评审记录。

数据设计和开发交付物：包括数据设计与开发中如何引用相关的数据标准、数据设计与开发如何应用并完善企业数据架构相关的内容、数据设计与开发中如何根据识别的权威数据源来进行数据集成架构设计、数据设计与开发如何满足数据质量与安全方面的要求。

数据运维交付物：包括数据解决方案技术选型标准和流程及运行管理流程、数据提供商的数据工具选型标准、数据提供商列表、数据变更管理流程、数据运维管理工作报告、数据需求变更审核记录、数据运维管理工具。

数据退役交付物：包括数据退役管理流程和规范、数据保留和清除策略、数据退役和恢复请求以及审查资料、退役数据检查记录、数据退役记录、数据退役经济价值评价方式。

1. 数据需求

数据需求是指组织对业务运营、经营分析和战略决策过程中产生和使用数据的分类、含义、分布和流转的描述。数据需求管理过程识别所需的数据，确定数据需求优先级并以文档的方式对数据需求进行记录和管理。

过程描述如下。

（1）建立数据需求管理制度——明确组织数据需求的管理组织、制度和流程。

（2）收集数据需求——需求人员通过各种方式分析数据应用场景，并识别数据应用场景中的数据分类、数据名称、数据含义、数据创建、数据使用、数据展示、数据质量、数据安全、数据保留等需求，编写数据需求文档。

（3）评审数据需求——组织人员对数据需求文档进行评审，评审关注各项数据需求是否与业务目标、业务需求保持一致，数据需求是否使用已定义的业务术语、数据项、参考数据等数据标准，相关方对数据需求是否达成共识。

（4）更新数据管理标准——对于已有数据管理标准中尚未覆盖的数据需求以及经评审后达成一致需要变更数据标准的，由数据管理人员根据相关流程更新数据标准，保证数据标准与实际数据需求的一致性。

（5）集中管理数据需求——各方数据用户的数据需求应集中由数据管理人员进行收集和管理，确保需求的汇总分析和历史回顾。

2. 数据设计和开发

数据设计和开发是指设计、实施数据解决方案，提供数据应用，持续满足组织的数据需求的过程。数据解决方案包括数据库结构、数据采集、数据整合、数据交换、数据访问及数据产品（报表、用户视图）等。

过程描述如下。

（1）设计数据解决方案——包括概要设计和详细设计，其设计内容主要是面向具体的应用系统设计逻辑数据模型、物理数据模型、物理数据库、数据产品、数据访问服务、数据整合服务等，从而形成满足数据需求的解决方案。

（2）数据准备——梳理组织的各类数据，明确数据提供方，制定数据提供方案。

（3）数据解决方案的质量管理——数据解决方案设计应满足数据用户的业务需求，同时也应满足数据的可用性、安全性、准确性、及时性等数据管理需求，因此需要进行数据模型和设计的质量管理，主要内容包括开发数据模型和设计标准，评审概念模型、逻辑模型和物理模型的设计，以及管理和整合数据模型版本变更。

（4）实施数据解决方案——通过质量评审的数据解决方案进入实施阶段，主要内容包括开发和测试数据库、建立和维护测试数据、数据迁移和转换、开发和测试数据产品、数据访问服务、数据整合服务、验证数据需求等。

3. 数据运维

数据运维是指数据平台及相关数据服务建设完成上线投入运营后，对数据采集、数据处理、数据存储等过程的日常运行及其维护过程，保证数据平台及数据服务的正常运行，为数据应用提供持续可用的数据内容。

过程描述如下。

（1）制定数据运维方案——根据组织数据管理的需要，明确数据运维的组织，制定统一的数据运维方案。

（2）数据提供方管理——建立数据提供的监控规则、监控机制和数据合格标准等服务水平协议和检查手段，持续监控数据提供方的服务水平，确保数据平台和数据服务有持续可用、高质量、安全可靠的数据，数据提供方管理包括对组织的内部和外部数据提供方管理。

（3）数据平台的运维——根据数据运维方队对数据库、数据平台、数据建模工具、数据分析工具、ETL 工具、数据质量工具、元数据工具、主数据管理工具的选型、部署、运行等进行管理，确保各技术工具的选择符合数据架构整体规划，正常运行各项指标满足数据需求。

（4）数据需求的变更管理——数据需求实现之后，需要及时跟踪数据应用的运行情况，监控数据应用和数据需求的一致性，同时对用户提出的需求变更进行管理，确保设计和实施的一致性。

4. 数据退役

数据退役是对历史数据的管理，根据法律法规、业务、技术等方面需求对历史数据进行保留或销毁，执行历史数据的归档、迁移和销毁工作，确保组织对历史数据的管理符合外部监管机构和内部业务用户的需求，而非仅满足信息技术需求。

过程描述如下。

（1）数据退役需求分析——向公司管理层、各领域业务用户调研内部和外部对数据退役的需求，明确外部监管要求的数据保留和清除要求，明确内部数据应用的数据保留和清除要求，同时兼顾信息技术对存储容量、访问速度、存储成本等需求。

（2）数据退役设计——综合考虑合规、业务和信息技术需求，设计数据退役标准和执行流程，明确不同类型数据的保留策略，包括保留期限、保留方式等，建立数据归档、迁移、获取和清除的工作流程和操作规程，确保数据退役符合标准和流程规范。

（3）数据退役执行——根据数据退役设计方案执行数据退役操作，完成数据的归档、迁移和清除等工作，满足法规、业务和技术需要，同时根据需要更新数据退役设计。

（4）数据恢复检查——数据退役之后需要制定数据恢复检查机制，定期检查退役数据状态，确保数据在需要时可恢复。

（5）归档数据查询——根据业务管理或监管需要，对归档数据的查询请求进行管理，并恢复相关数据以供应用。

第三节　DCMM 模型使用

一、DCMM 评估与统计结果

DCMM 模型的使用是建立在对 28 个能力项能力等级标准充分理解的基础上进行的。首先需要对每个过程项进行打分，这里以"数据战略"能力域中的"数据战略规划"能力项为例，评估此过程项对应的 5 个等级中每一项指标的得分情况，见表 5-3。

表 5-3　能力项热力评估

数据战略规划评估	
主题域简介	数据战略规划是在所有利益相关者之间达成共识的结果。从宏观及微观两个层面确定开展数据管理及应用的动因，并综合反映数据提供方和消费方的需求
建设目标	1. 建立、维护数据管理战略 2. 针对所有业务领域，在数据治理过程中维护数据管理战略（目标、目的、优先权和范围） 3. 基于数据业务价值和数据管理目标，识别利益相关者，分析各项数据管理工作优先权 4. 制订、监控和评估后续计划，用于指导数据管理规划实施

续表

等级 编号	度量标准（或调研问题）	符合度	评价标准
1-1	在项目建设过程中反映了数据管理的目标和范围		
2-1	识别与数据战略相关的利益相关者		
2-2	数据战略的制定能遵循相关管理流程		
2-3	维护了数据战略和业务战略之间的关联关系		
3-1	制定能反映整个组织业务发展需求的数据战略		
3-2	制定数据战略的管理制度和流程，明确利益相关者的职责，规范数据战略的管理过程		
3-3	根据组织制定的数据战略提供资源保障		
3-4	将组织的数据管理战略形成图文并按组织定义的标准过程进行维护、审查和公证		
3-5	编制数据战略的优化路线图，指导数据工作的开展		
4-1	对组织数据战略的管理过程进行量化分析并及时优化		
4-2	能量化分析数据战略路线图的落实情况，并持续优化数据战略		
5-1	数据战略可有效提升企业竞争力		
5-2	在业界分享最佳实践，成为行业标杆		

然后根据各个能力项评估表的得分情况，填写表 5-4（以数据战略为例）。

表 5-4　　　　　　　　　　　　CDMM 能力域评估得分表

一级域	二级域	Level-1	Level-2	Level-3	Level-4	Level-5	得分	总分（平均分）
数据战略	数据战略规划	100	80	80			2.6	2.45
	数据职能框架	100	80	60	60		3	
	数据战略实施	90	85				1.75	

最后根据各个二级域的得分情况绘制数据管理热力评估结果图，如图 5-7 所示。

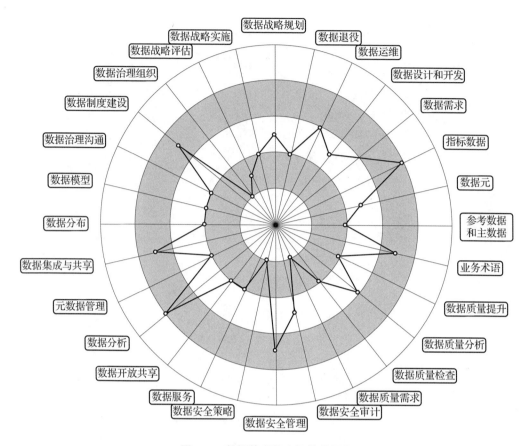

图 5-7　数据管理热力评估结果图

二、DCMM 模型统计结果应用样例

此节建立在 DCMM 能力域评估得分表、数据管理热力评估结果图已完成的前提下，根据以上统计结果可以推演出如下信息。

（一）公司大数据管理能力取得的成果

1. 数据战略

在公司数字化战略的指引下，运检中心制定了数据资产战略，明确了数据资产管理的目标和内容，规划了今后三年的发展路径，指引大数据管理工作方面的开展。

2. 数据架构

国家针对数据架构方面构建了集团级 SG-CIM（国家电网公司公共数据模型）企业

级数据模型，规范和指导了数据中心的建设，依托于全业务数据中心的建设，对公司的各类数据进行了梳理和整合，出台了数据中心管理办法，对数据共享、数据质量等方面提出了要求，初步奠定了数据应用的基础。

3. 数据生存周期

公司制定了数据运维和数据归档等方面的制度和办法，依托公司的技术团队对公司的数据资产进行了管理，满足了数据可用性方面的需求。

4. 数据治理

公司领导高度重视数据资产相关的工作，牵头成立了数据资产委员会，明确了数据资产管理的牵头部门以及各方的职责，并对公司核心数据的一致性进行了重点治理，如账、卡、物、合同等信息，提升了数据质量的状况。

5. 数据应用

公司以运营监测、业务支撑为主线建立了各类数据分析应用，有力支撑了公司的管理业务的发展。

（二）公司大数据管理能力建设的不足

1. 数据战略方面

在数据资产日益重要的前提下，数据战略没有上升为公司整体战略的一部分，缺乏数据资产管理和应用的相关人员和资金保障，制约了相关工作的进展以及数据价值的展现。

2. 数据治理方面

数据治理团队的力量需要加强，需要构建独立的大数据管理和应用团队，推动数据的梳理、整合以及应用等工作；数据治理沟通方面依然需要加强，特别是已有制度、成果和经验等方面的宣传，提升各部分数据资产的意识，促进数字化转型的进展。

3. 数据应用方面

各部门的数据应用建设依然比较分散，需要通过全业务数据中心来统一管理和支撑各部门的数据分析需求，特别是跨部门的数据分析，进而提升数据分析成果的共享性，降低建设成本。

4. 数据安全方面

数据安全更多是从信息安全的角度来进行管理，缺少统一的数据安全标准和管理，制约了各部门之间公司的集成和共享，当前基本是采用一事一议的方式来开展。

5. 数据质量方面

数据质量管理的工具分散在各部门的业务系统中，缺少统一的数据质量管理工具，全业务数据中心中的建设更多是以功能建设为主，缺乏数据质量方面统一的管理。

6. 数据标准方面

数据标准的建设需要加强，例如，对于电网省公司个性化需求，国家电网的主数据管理系统标准匹配度不高，对于合同、项目等方面的主数据管理仍有较大提升空间。

（三）公司大数据管理能力提升建议

1. 数据战略

以运营当前的数据战略为基础，进一步细化，形成公司级数据战略。明确数据是公司重要资产的理念，建立大数据管理和应用方面的人员保障和资金保障。

2. 数据治理

加强数据人才的招聘和培训，构建融合大数据管理、数据分析应用等综合性的数据团队。加强数据资产相关的培训和宣贯，提升数据资产意识，形成数据文化氛围。

3. 数据架构

结合 SG-CIM 的落地实施，加强数据资产的梳理、采集和整合，构建统一的数据资产目录，推动数据在各业务部门中的应用；以全业务数据中心建设为抓手，狠抓大数据管理，强化数据标准、数据架构等相关制度的落地实施，奠定数据应用的基础。

4. 数据应用

明确各类数据分析需求的归口管理部门，加强数据分析平台建设，统一支撑各部门的数据分析应用，提升数据应用的共享性。

5. 数据安全

建立数据分类分级的标准，明确各类数据的管理要求，规范化各部门数据共享的流程，加强数据安全相关工具的支持，强化对高敏感数据的监控和管理。

（四）公司大数据管理能力一级域总结（数据战略为例）

1. 总体评价

公司明确了数字化转型的战略目标，围绕该目标在公司部分业务部门制定了数据资产管理的战略规划，提出了目标和建设计划，并且开展了一系列的工作，例如全业务数据中心、数据资产管理委员会等，但是该战略依然没有上升为公司级的数据战略，同时，数据战略中缺乏相关资源保障部分的规划，战略的落地实施和后期评价能力需要提升。

2. 当前现状

公司领导高度重视数据资产的管理和应用工作，提出了公司数字化转型的战略方向，围绕数字化转型的目标，运监中心制定了《以数据化推进全面量化管理重点工作任务》，明确了数据工作目标、任务及具体工作内容等，开展了全业务数据中心建设、数据资产梳理、建立数据资产管理委员会等一系列的活动，提升数据资产能力。

3. 存在的问题

当前数据战略更多体现在《以数据化推进全面量化管理重点工作任务》中，没有形成公司级统一的数据战略，可能会导致各部门对相关工作重视程度不够、进展缓慢的现象。当前数据战略没有正式发布，同时在公司层面宣贯的力度也不大，各业务部门、相关责任人不清楚数据战略的重要性，无法了解各自在其中的职责；没有识别数据战略相关的干系人以及各方的关键需求，缺乏数据应用方面的整体规划，数据价值不容易体现；数据战略中缺少实施资源保障部分的整体规划，特别是在人员和资金方面，相关工作的进展无法保证；没有建立起数据战略相关的绩效评价机制，缺少对于数据工作进行的定期监控和评价，各方无法定期获得战略的进展情况，也无法进行定期的修订。

4. 相关的建议

以当前的《以数据化推进全面量化管理重点工作任务》为基础，结合公司战略和业务需求，进一步整合和细化，形成公司层面的数据战略，明确公司领导和各业务部门在其中的职责，明确数据工作牵头推进部门，并正式发文公布；在数据战略中需要明确公司战略、业务和数据之间的关系，明确数据管理和应用的重点方向，进而制订数据战略的落地实施计划；建立相关工作的绩效评价机制，定期对相关工作进行评价，了解当前的进展和存在的问题，通知各干系人，并定期对战略进行修订。明确数据是公司重要资产的理念，建立大数据管理和应用方面的人员保障和资金保障，深入挖掘数据资产价值。

三、DCMM 评估实施

DCMM 的评估是在工业和信息化部的指导下，由中国电子信息行业联合会统一组织，包括：评估机构选取、评估项目实施、优秀标杆评选、DCMM 证书发放等。评估机构需要通过官方认证，才具有为企事业单位进行 DCMM 评估的资格。

根据中国电子信息行业联合会的公开资料，DCMM 评估分为四个阶段，如图 5-8 所示。

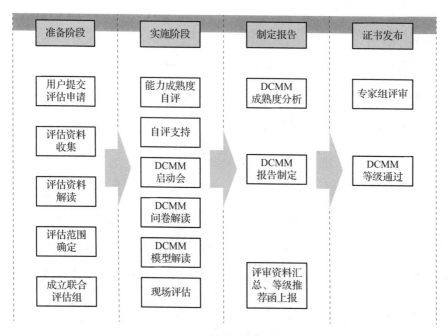

图 5-8　DCMM 评估实施的四个阶段

准备阶段：收集及分析评估材料，确定评估的范围，成立评估小组并明确项目团队的各方职责。

实施阶段：召开 DCMM 评估启动会，DCMM 模型宣贯，开展现场评估。

制定报告：形成 DCMM 评估结果，明确各过程域存在的问题和不足，指明改进方向。

证书发布：提交报告及发放证书等。

思考题

1. DCMM 模型的使用对象有哪些？DCMM 模型跟 DMM 模型相比增加或丰富了哪些内容？

2. 请简述 DCMM 模型的评估流程。

3. 请列举 DCMM 模型的八大能力域，并简述其中一个能力域中的能力项。

4. DCMM 模型的有几个能力等级？"在组织层面制定了系列的标准化管理流程"这是哪个等级的体现？简述这一等级的特征。

5. 请结合 DCMM 模型，说出你所在公司某个能力域的现状和不足，并提出改善建议。

参考文献

［1］刘驰，胡柏青，谢一．大数据治理与安全：从理论到开源实践［M］．北京：机械工业出版社，2017.

［2］DAMA 国际．DAMA 数据管理知识体系指南［M］．2 版．DAMA 中国分会翻译组，译．北京：机械工业出版社，2020.

［3］华为公司数据管理部．华为数据之道［M］．北京：机械工业出版社，2020.

［4］劳拉·塞巴斯蒂安-科尔曼．穿越数据的迷宫：数据管理执行指南［M］．汪广盛等，译．北京：机械工业出版社，2021.

后记

　　大数据时代的到来，让大数据技术受到了越来越多的关注。"大数据"三个字不仅代表字面意义上的大量非结构化和半结构化的数据，更是一种崭新的视角，即用数据化思维和先进的数据处理技术探索海量数据之间的关系，将事物的本质以数据的视角呈现在人们眼前。

　　随着数字经济在全球加速推进以及 5G、人工智能、物联网等相关技术的快速发展，数据已成为影响全球竞争的关键战略性资源。我国对大数据产业的发展尤为重视，2013 年至 2020 年，国家相关部委发布了 25 份与大数据相关的文件，鼓励大数据产业发展，大数据逐渐成为各级政府关注的热点。

　　大数据产业之所以被各级政府所重视，是因为它是以数据及数据所蕴含的信息价值为核心生产要素，通过数据技术、数据产品、数据服务等形式，使数据与信息价值在各行业经济活动中得到充分释放的赋能型产业，适合与各种行业融合，作为各种基础产业的助推器。大数据已不再仅仅是一种理论或视角，而是深入到每一个需要数据、利用数据的场景中去发挥价值、挖掘价值的实用工具。

　　我国的大数据产业正处于蓬勃发展的阶段，需要大量的专业人才为产业提供支撑。以《人力资源社会保障部办公厅　市场监管总局办公厅　统计局办公室关于发布人工智能工程技术人员等职业信息的通知》（人社厅发〔2019〕48 号）为依据，在充分考虑科技进步、社会经济发展和产业结构变化对大数据工程技术人员专业要求的基础上，以客观反映大数据技术发展水平及其对从业人员的专业能力要求为目标，根据《大数

227

据工程技术人员国家职业技术技能标准（2021 年版)》（以下简称《标准》）对大数据工程技术人员职业功能、工作内容、专业能力要求和相关知识要求的描述，人力资源社会保障部专业技术人员管理司指导工业和信息化部教育与考试中心，组织有关专家开展了大数据工程技术人员培训教程（以下简称教程）的编写工作，用于全国专业技术人员新职业培训。

大数据工程技术人员是从事大数据采集、清洗、分析、治理、挖掘等技术研究，并加以利用、管理、维护和服务的工程技术人员。其共分为三个专业技术等级，分别为初级、中级、高级。其中，初级、中级分为三个职业方向：大数据处理、大数据分析、大数据管理；高级不分职业方向。

与此相对应，大数据工程技术人员培训教程也分为初级、中级、高级培训教程，分别对应其专业能力考核要求。另外，还有一本《大数据工程技术人员——大数据基础技术》，对应其理论知识考核要求。初级、中级培训中，分别有三本教程对应初级、中级的大数据处理、大数据分析、大数据管理三个职业方向，高级教程不分职业方向，只有一本。

在使用本系列教程开展培训时，应当结合培训目标与受众人员的实际水平和专业方向，选用合适的教程。在大数据工程技术人员培训中，《大数据工程技术人员——大数据基础技术》是初级、中级、高级工程技术人员都需要掌握的；初级、中级大数据工程技术人员培训中，可以根据培训目标与受众人员实际，选用大数据处理、大数据分析、大数据管理三个职业方向培训教程的一至三种。培训考核合格后，获得相应证书。

大数据工程技术人员初级培训教程包含《大数据工程技术人员——大数据基础技术》《大数据工程技术人员（初级）——大数据处理与应用》《大数据工程技术人员（初级）——大数据分析与挖掘》《大数据工程技术人员（初级）——大数据管理》，共 4 本。《大数据工程技术人员——大数据基础技术》一书内容涵盖从事本职业（初级、中级、高级，不论职业方向）人员所需具备的基础知识和基本技能，是开展新职业技术技能培训的必备用书。《大数据工程技术人员（初级）——大数据处理与应用》一书内容对应《标准》中大数据初级工程技术人员大数据处理职业方向应该具备的专业能力要求，《大数据工程技术人员（初级）——大数据分析与挖掘》一书内容对应《标准》中大数据初级工程技术人员大数据分析职业方向应该具备的专业能力要求，《大数据工程技术人员（初级）——大数据管理》一书内容对应《标准》中大数据初级工程技术人员大数据管理职业方向应该具备的专业能力要求。

本教程读者为大学专科学历（或高等职业学校毕业）以上，具有较强的学习能力、计算能力、表达能力及分析、推理和判断能力，参加全国专业技术人员新职业培训的人员。

大数据工程技术人员需按照《标准》的职业要求参加有关课程培训，完成规定学时，取得学时证明。初级 128 标准学时，中级 128 标准学时，高级 160 标准学时。

本教程编写过程中，得到了人力资源社会保障部、工业和信息化部相关部门的正确领导，得到了一些大学、科研院所、企业的专家学者的大力帮助和指导，同时参考了多方面的文献，吸收了许多专家学者的研究成果，在此表示由衷感谢。

由于编者水平、经验与时间所限，本书的不足与疏漏之处在所难免，恳请广大读者批评与指正。

本书编委会